Bibliografische Information der Deutschen Nationalbibliothek:

Die Deutsche Bibliothek verzeichnet diese Publikation in der Deutschen Nationalbibliografie; detaillierte bibliografische Daten sind im Internet über http://dnb.d-nb.de/ abrufbar.

Impressum:

Druck und Bindung: Books on Demand GmbH, Norderstedt Germany
ISBN: 9783346116536

Dieses Buch bei GRIN:

https://www.grin.com/document/518354

Frauke Rubart

Supervision und Coaching als Elemente innovativer Organisations- und Personalentwicklung

Worin besteht der Unterschied zwischen Supervision und Coaching?

GRIN Verlag

Gibt es einen Unterschied zwischen „Supervision“ und „Coaching“?

Supervision und Coaching als Elemente innovativer Organisations- und Personalentwicklung

Frauke Rubart

Hausarbeit zum Abschluß des Praktikums im Rahmen der Fortbildungsmaßnahme „Referent/in für Organisations- und Personalentwicklung“

Dezember 1995

INHALTSVERZEICHNIS

1. Einleitung

1.1 Themenwahl und Problemaufriß

Für meinen Abschlußbericht habe ich einen Themenbereich gewählt, dem mein besonderes Interesse gilt, der aber im Rahmen der absolvierten Ausbildung zur Organisations- und Personalentwicklerin nur einen geringen Stellenwert hatte. Das Thema „Supervision" zählte nicht zu den Inhalten des theoretischen Unterrichts, und das Thema „Coaching" wurde nur kurz behandelt. Allerdings konnte während der Praktikumsphase Supervision als „Bindeglied zwischen Theorie und Praxis" (1) in Anspruch genommen werden, was ich auch gern und regelmäßig tat. Eine speziell dafür ausgebildete Psychologin leitete diesen vierzehntägig stattfindenden zweistündigen Selbstreflexionsprozeß im Rahmen der aus einigen Fortbildungsteilnehmer(inne)n bestehenden Gruppe an, was ich als sinnvoll und förderlich empfand. Ich kenne Supervision also nicht nur aus der für diesen Bericht gelesenen Literatur, sondern auch aus eigenen Erfahrungen – Erfahrungen, die ich in dem genannten Ausbildungszusammenhang gesammelt habe, und auch Erfahrungen, die ich seit zwei Jahren als Mitglied einer Supervisionsgruppe mache, die aus Mitarbeiter(inne)n einer psychosozialen Kriseninterventionseinrichtung der Bremischen Evangelischen Kirche („Telefonseelsorge") besteht. Seelsorge ist zum Beispiel einer derjenigen Praxisbereiche für professionell oder ehrenamtlich tätige „Helfer" und „Helferinnen", in denen Supervision als angeleitete und methodisch betriebene Selbstreflexion schon seit längerer Zeit einen größeren Stellenwert hat als in anderen Berufsfeldern. Hier entstand mein Interesse am Thema „Supervision", von dem ich als Politikwissenschaftlerin weder im Studium noch während meiner langjährigen Berufstätigkeit in Forschung und Lehre etwas gehört oder gelesen hatte.

Im Institut Technik & Bildung (ITB), das als interdisziplinäres Berufsbildungsforschungsinstitut zur Universität Bremen gehört, beschäftigen sich die Mitarbeiter in Kooperation mit Praktikern aus Unternehmen und Berufsschullehrern in verschiedenen Projekten mit Organisations- und Personalentwicklung.(2) Mir wurde die Aufgabe übertragen, die Publikation der Ergebnisse einer Fachtagung zu koordinieren, die das ITB zusammen mit dem Bundesinstitut für Berufsbildung (BIBB) im Mai 1995 zum Thema „Betriebliche Organisationsentwicklung und berufliche Bildung – Qualifizieren für das Lernende Unternehmen" veranstaltet hatte. Dieses Gesprächsforum fand im Bildungs- und Kommunikationszentrum der Volkswagen AG „Haus Rhode" in Königslutter bei Wolfsburg statt, und neben einigen Berufsbildungsforscher(inne)n nahmen Repräsentanten von neun Unternehmen teil. Der Gastgeber Peter Haase, Chef der Personalentwicklung im Volkswagen-Konzern, berichtete in diesem Zusammenhang über die „Volkswagen Coaching Gesellschaft" die Anfang 1995 unter dem Motto „Konzepte für Menschen im Beruf" gegründet worden war. „Dieses Motto steht für ein möglichst ganzheitliches Verständnis von Personalentwicklung, das die früher über Standorte getrennten Bildungs- und Personalentwicklungsaktivitäten bei Volkswagen integriert."(3) Hier ist also von „Coaching" die Rede, verstanden als individuelle Betreuung von (potentiellen) Führungskräften, bei der „das Talent zur Persönlichkeit reifen" soll, wie die Frankfurter Allgemeine Zeitung ihren langen Artikel über Personalentwicklung im Volkswagen-Konzern überschrieb.(4)

Während die Unternehmensvertreter zwar gern von Coaching sprechen, das Wort „Supervision" aber nicht in den Mund nehmen, sind prozeßbegleitende Supervisionssitzungen für die Bremerhavener Berufsschullehrer, mit denen die ITB-Mitarbeiter Martin Fischer und Jürgen Uhlig-Schoenian im Rahmen des Modellversuchs „Organisationsentwicklung und berufliche Bildung" zusammenarbeiten, integraler Bestandteil ihres Projekts, im Rahmen dessen die Fähigkeiten von Gruppen zur Selbstorganisation mit Methoden der

Organisationsentwicklung gefördert werden sollen. Dieser Prozeß verlief keineswegs problemlos. Ich habe aufmerksam und interessiert zugehört, als einige Mitglieder der Projektgruppe im Rahmen eines Workshops offen über ihre Schwierigkeiten bei der „Organisationsentwicklung in der Praxis“(5) berichteten, und mit ebenso großem Interesse habe ich den Beitrag gelesen, den der mit der Anleitung dieser als Supervision bezeichneten Gruppen-Selbstreflexion beauftragte Psychologe für den 2. Zwischenbericht zu diesem Modellversuch geschrieben hat.(6) Er gab den Ausschlag für die Wahl dieses Themas für meine Abschlussarbeit, und ich werde auf den folgenden Seiten einige Aspekte daraus zitieren.

1.2 Fragestellung und Anspruch

Warum sprechen Personalentwickler/-innen in (Wirtschafts-)Unternehmen von Coaching und nicht von Einzel-Supervision? Warum braucht eine potentielle Führungskraft und so mancher älterer Manager individuelle Betreuung? Was ist ein guter Coach, welche Qualitäten und Qualifikationen muß ein Mensch haben, der Coaching betreibt? Ist Coaching außer Beratung, Förderung und Training auch so etwas wie Therapie?

Der Supervisor im genannten Modellversuch „Organisationsentwicklung und berufliche Bildung“ ist ein Psychologe. Warum brauchen Lehrer mit langjähriger Berufs- (und Lebens-) Erfahrung Unterstützung durch einen Psychologen, und warum ist er bei dieser Arbeit ein „Supervisor“ und kein „Coach“? Warum brauchen Projektgruppen in großen Organisationen wie Berufsschulen Supervision, und was macht die Arbeit in der Gruppe so problematisch? Bedeuten Schwierigkeiten im Prozeß des Organisationsentwicklungsprojekts Mißerfolg, und warum mißlingen solche Gruppenprozesse manchmal? Was macht die Zusammenarbeit so schwierig?

Dies sind nur einige der vielen Fragen, mit denen ich an diesen für mich neuen Themenbereich herangegangen bin. Ich kann sie im Rahmen dieser Hausarbeit alle nur ansatzweise beantworten. Mit meinen folgenden Überlegungen möchte ich hauptsächlich darlegen, was unter „Supervision“ und „Coaching“ verstanden wird und worin der Unterschied besteht. Die vorliegende Literatur über Supervision und Coaching ist inzwischen recht umfangreich, und es ist mir nicht möglich, alle theoretischen Aspekte, die darin behandelt werden, hier anzusprechen. Ich halte es für sinnvoller, zu versuchen, einige wichtige Punkte mit den konkreten Forschungsthemen des ITB in Zusammenhang zu bringen.

1.3 Methode und Prämissen

Zur Beantwortung der aufgeworfenen Fragen ist hier nur eine selektive Durchsicht der gedruckten Materialien und der vorliegenden Manuskripte möglich – es fehlt die Zeit für eigene Untersuchungen auf der Basis von gut vorbereiteten Interviews mit den Lehrern, die am Modellversuch „Organisationsentwicklung und berufliche Bildung“ teilnehmen, und mit den Personalentwicklern, die an den drei Fachtagungen mit Vorträgen und Diskussionsbeiträgen beteiligt waren, die das ITB 1992, 1993 und 1995 zum Thema „Betriebliche Organisationsentwicklung und Berufsbildung“ veranstaltet hat.

Aufgrund der vielen öffentlichen Stellungnahmen einzelner Betriebspraktiker, Unternehmensberater und Wissenschaftler/-innen, der zahlreichen Gesprächsforen, Tagungen und interdisziplinären Kongresse sowie der verstärkten Forschungsaktivitäten in Einrichtungen wie dem Institut Technik & Bildung gehe ich von der Prämisse aus, daß Organisations- und Personalentwicklung in der ersten Hälfte der 90er Jahre stark an Bedeutung gewonnen hat, seit ganz deutlich geworden ist, daß die weltwirtschaftliche Konkurrenz den Charakter eines

Qualitätswettbewerbs bekommen hat.(7) Ich gehe außerdem davon aus, daß von diesem internationalen Qualitätswettbewerb, in dem die deutsche Industrie nun mithalten muß, wenn sie überleben will, auch das gesamte Berufsbildungssystem betroffen und herausgefordert ist. Es geht sogar so weit, daß der Bildungssektor in allen seinen Bestandteilen in Frage gestellt ist. Nicht nur die Ausbilder und Ausbilderinnen in den Betrieben, sondern auch „die Lehrer müssen umdenken“, wie Peter Haase 1992 in einem SPIEGEL-Interview so sehr betonte, daß die Wochenzeitschrift diese Forderung des VW-Personalentwicklungschefs als Schlagzeile für das in der Ausgabe vom 1. Juli 1992 abgedruckte Gespräch auswählte.(8)

Haase bemängelte in diesem Interview, daß den jungen Leuten in der Schule nicht beigebracht wurde, im Team zu arbeiten. Fachlich seien sie in Ordnung, es hapere aber an den sozialen Fähigkeiten. Das Problem sei nicht *was*, sondern *wie* sie gelernt haben: „Viele haben immer nur ich-fixiert gelernt.“ Deutschland sei zwar durch Einzelkämpfer groß geworden, aber: „Heute haben wir eine völlig andere Situation. Die Welt ist hoch komplex geworden, der Wissensstand hat sich vervielfacht. Wir können mit dem besten Ingenieur nur dann noch etwas anfangen, wenn er mit anderen zusammenarbeiten kann. Die Innovationen werden heute in der Regel durch Teams erbracht, die Zeit der großen Erfinder wie Otto, Benz und Diesel ist vorbei.“ Nach Haases Auffassung haben die Pädagogen „vergessen, daß man mit Spezialwissen allein nichts anfangen kann. Komplexe Probleme können sie heute nur mit anderen gemeinsam lösen.“ Haases Kritik bezieht sich auch auf die Hochschullehrer. Sie seien kein gutes Vorbild. Für viele zähle nur der eigene Name, „die Bereitschaft zu interdisziplinärer Zusammenarbeit besteht kaum.“

Von Coaching spricht der VW-Personalentwicklungschef hier noch nicht, aber bei seinen Ausführungen darüber, wie es den jungen Leuten ergeht, wenn sie im Volkswagen-Konzern anfangen, verweist er schon auf den Sport: „Wir bringen ihnen erst mal bei zu kommunizieren. Viele Jugendliche halten es für ein Zeichen von Stärke, wenn sie selbst möglichst viel reden. Die müssen erst einmal fragen und zuhören lernen. Ganz anders sind übrigens Leute, die Mannschaftssport betreiben. Da hat niemand eine Chance, der immer nur selber die Tore schießen will.“(9)

1.4 Grundbegriffe und Hypothesen

In dem zitierten Interview weist Peter Haase ausdrücklich darauf hin, daß die betriebliche Praxis – zumindest im Volkswagen-Konzern – der Arbeitsweise und der Leistungsdiskussion im Schulsystem weit voraus ist: „Gruppenarbeit, Abbau von Hierarchien, das Fördern von Kreativität sind heute wesentliche Bestandteile der Arbeitsorganisation.“(10)

Aus dem Gesagten ergibt sich für mich die Hypothese, daß nicht nur Organisations- und Personalentwicklung, die ja per se interdisziplinär ist, insgesamt große Bedeutung hat in der gegenwärtigen Arbeitswelt, sondern daß aufgrund der inadäquaten, auf Individualismus ausgerichteten Sozialisation aller Arbeitskräfte in der Zukunft Supervision und Coaching im Rahmen des Methodenspektrums von Organisations- und Personalentwicklung immer wichtiger werden. Ich denke, daß Supervision und Coaching als neue Elemente einer innovativen Organisations- und Personalentwicklung nicht nur relevanter, sondern für das Erreichen von Arbeitszielen sogar unverzichtbar werden. Aus diesen Gründen werden Supervision und Coaching zukünftig in allen Aktivitätsbereichen der Gesellschaft Anerkennung finden und von immer mehr Menschen als neuartige Hilfen zur Selbsthilfe genutzt werden, zum Beispiel auch von Lehrerinnen und Lehrern.

Lehrerinnen und Lehrer sind Schlüsselpersonen im gesellschaftlichen Veränderungsprozeß. Sie haben, wie ich annehme, selbst einen großen Nachholbedarf an sozialen Kompetenzen wie zum Beispiel Teamfähigkeit. Auch sie müssen zuhören lernen. Sie müssen sich dahin entwickeln, in der Gruppe auch mal Schwächen offenbaren und Nichtwissen zugeben zu können. Deshalb sind sie genauso wie andere Berufstätige auf die neuen Instrumente und Methoden von Organisations- und Personalentwicklung angewiesen, wenn sie ihre veränderten Aufgaben und anspruchsvollen Projekte mit Erfolg durchführen wollen.

Die Projektgruppe des Modellversuchs „Organisationsentwicklung an berufsbildenden Schulen" ist sich dessen bewußt und nutzt die Chance zur gemeinsamen Selbstreflexion unter Anleitung eines Supervisors. Vielleicht hätten einige Mitglieder zusätzlich auch gern die individuelle Beratung durch einen Coach in Anspruch genommen, wie es in den Wirtschaftsunternehmen möglich ist, die besonders fortschrittliche Organisations- und Personalentwicklung praktizieren.

1.4.1 Organisations- und Personalentwicklung

Es fällt auf, daß Organisations- und Personalentwicklung oft in einem Atemzug genannt und als „Doppelbegriff" geschrieben wird – meist in der hier gewählten Reihenfolge, aber in einer wichtigen Publikation, die mit einem Kapitel über „Betriebliche Weiterbildung" beginnt, auch umgekehrt: „Handbuch Personal- und Organisationsentwicklung" (11).

Wie auf den vorherigen Seiten schon deutlich geworden ist, sprechen die Betriebspraktiker von „Personalentwicklung", während die Lehrer und Wissenschaftler den Begriff „Organisationsentwicklung" verwenden, der als direkte Übersetzung des älteren amerikanischen Fachbegriffs „Organization Development" (12) gewählt wurde für den Prozeß, bei dem „die Mitglieder einer Organisation zusammen die Kultur einer Organisation auf solche Weise beeinflussen (.), daß einerseits Ziele und Zwecke der Organisation erreicht und andererseits die menschlichen Werte der einzelnen Mitglieder gefördert werden" (13).

Es wird bei Organisationsentwicklung darauf abgezielt, Effektivität und Humanität gleichzeitig zu berücksichtigen, man will „Betroffene zu Beteiligten machen" und „Beteiligte dort abholen, wo sie stehen", um nur zwei der Leitlinien zu nennen, an denen sich auch die Bremerhavener Berufsschullehrer bei ihrer Projektarbeit orientieren. In ihrem Modellversuch „Organisationsentwicklung und berufliche Bildung" gibt es keinen externen „change agent", sondern die „Aufgabe, Strukturen und Verhaltensweisen veränderten Zielen und Bedingungen anzupassen, übernehmen die Betroffenen selbst und nicht ein von oben oder außen eingesetzter Organisator. Auf eine Formel gebracht bedeutet Organisationsentwicklung in diesem Sinne: H i l f e z u r S e l b s t h i l f e" (14).

Das Ziel der Personalentwicklung besteht darin, auch zukünftig ausreichend qualifizierte Mitarbeiter/-innen an allen Stellen im Unternehmen zur Verfügung zu haben. Dabei spielt die Weiterbildung eine große Rolle: Personalentwicklung wird als ein „innovativer Erfolgsfaktor" (15) verstanden, und in der betrieblichen Weiterbildung geht es den Personalentwicklern um „strategieumsetzendes Lernen" (16).

Personalentwicklung ist in Unternehmen institutionalisiert. Sie ist Teil des ausdifferenzierten Systems „Personalwesen" und – vor 24 Jahren in der Zeitschrift „Fortschrittliche Betriebsführung" – definiert als „Entwickeln (d.h. Erweitern und/oder Vertiefen) des internen Angebots an menschlicher Arbeitsleistung (Leistungsfähigkeit und Leistungsbereitschaft) im Sinne von Ausbilden, Fortbilden, Weiterbilden, Erziehen und Umschulen von Personal" (17).

Es gibt zahlreiche Definitionen von Personalentwicklung, von denen Oswald Neuberger in seinem 1994 erschienenen Lehrbuch (und Standardwerk) viele auflistet. Sein eigenes kritisches Verständnis von Personalentwicklung (PE) faßt er in der folgenden Definition zusammen: „ *PE ist die Umformung des unter Verwertungsabsicht zusammengefaßten Arbeitsvermögens.* “ (18) Mit dieser sehr knappen und abstrakten Begriffsbestimmung „soll folgendes deutlich gemacht werden:

a) Es geht nicht (nur) um den einzelnen Menschen und seine Qualifikationen, sondern um das Aggregat Personal.

b) Es handelt sich nicht um manifeste Arbeits-Leistung, sondern um Arbeits-Vermögen.

c) Zielsetzungen des *Unternehmens* (v.a.: Verwertungsabsicht) und nicht des *Mitarbeiters* stehen im Vordergrund.

d) Weil nicht nur systematisch geplante und hierarchisch kontrollierte Veränderungen erfaßt werden sollen, muß auch Selbst-Entwicklung des Arbeitsvermögens berücksichtigt werden, die nicht nur der Eigenaktivität der Subjekte, sondern auch der Dynamik sozialer Beziehungen und komplexer Strukturen entstammt“ (19).

Hier ist der Berührungspunkt von Personal- und Organisationsentwicklung. Konsequenterweise hat Neuberger in seinem umfangreichen PE-Buch auch ein umfangreiches Kapitel über „Personalentwicklung als Organisationsentwicklung“ geschrieben (20). Er erwähnt darin einen Artikel des Mitherausgebers der Zeitschrift „Organisationsentwicklung“ Karsten Trebesch von 1982, der mit einer wichtigen Information überschrieben ist: „50 Definitionen der Organisationsentwicklung – und kein Ende“ (21)... Es scheint mir sinnvoller, jetzt zu den hier thematisierten Elementen innovativer Organisations- und Personalentwicklung überzugehen.

1.4.2 Supervision und Coaching

Von „Supervision“ sprechen die hier zitierten Berufspädagogen, den Betriebspraktikern kommt dieser aus dem sozialfürsorgerischen Bereich stammende Begriff nicht über die Lippen. In den drei Standardwerken zur Organisations- und Personalentwicklung , die oben schon genannt wurden, gibt es dazu keine Ausführungen. In dem von Sattelberger herausgegebenen Buch „Innovative Personalentwicklung“ kommt der Begriff nicht vor, im „Handbuch Personal- und Organisationsentwicklung“ von Heeg und Münch gibt es dieses Stichwort ebenfalls nicht im Register, und auch in Neubergers Werk „Personalentwicklung“ gibt es zwar Abschnitte über „Teamentwicklung (Teambildung)“ und „Gruppendynamische Trainingsformen“, aber kein Kapitel über Supervision. Allerdings erklärt er das Fremdwort im Glossar: „Supervision: Überwachung; gemeinsam mit einem erfahrenen Experten bestimmte Arbeitsprozesse besprechen“ (22). Das ist schon mal ein Anfang.

Ich will hier in der Einleitung natürlich nicht all das vorwegnehmen, was Inhalt des Hauptteils sein soll. Nur einige Informationen vorab: Es gibt auch für den Begriff „Supervision“ eine Vielfalt an aktuellen Definitionen. (23) Bei den meisten wird darauf verwiesen, dass es sich um eine Form der Beratung handelt, um „Praxisberatung“, die berufliche Zusammenhänge thematisiert und die Beteiligten weiterbildet bzw. ausbildet. Supervision ist demnach eine „berufsbezogene Beratung“, die auf „Kompetenzerweiterung“ hinzielt. So heißt es in einem „Handbuch der Supervision“, das Harald Pühl herausgegeben hat. Sie steht eindeutig „in einer pädagogischen Tradition, da es um Lernen geht“. Dabei spielt der „Kontrollaspekt“ eine Rolle (die Teilnahme an Supervision ist in vielen pädagogischen und psychosozialen Arbeitsfeldern obligatorisch). Die supervisorische Anleitung findet durch „einen erfahrenen Fachmann“ (bzw. durch eine erfahrene Fachfrau) statt, und „in der Regel wird die Beratung in Gruppen durchgeführt“ (24).

In den Supervisionssitzungen geht es um die Steuerung prozeßorientierter Arbeit durch „aufgabenbezogene Selbstreflexion“, und die Methode, aus der Supervision besteht, ist, wie Kurt Buchinger schreibt, „eben diese Selbstreflexion. Insofern ist Supervision kein Eingriff von außen, sondern methodisch angeleitete Selbsterfahrung des Supervidierten“ (25). Auch in der Aus- und Fortbildung zum Supervisor oder zur Supervisorin spielt Supervision eine zentrale Rolle. Selbstreflexion soll überall dort auf diese besondere Art und Weise geschehen – möchte ich hinzufügen -, wo verantwortlich mit Menschen gearbeitet wird, und auch dort, wo mit den eigenen psychischen Kräften gehaushaltet werden muß – das ist für mich ein ganz wichtiger Punkt. Wie Buchinger so schön schreibt: Es geht um die „Balance von Engagement und Distanzierung“ (26). Ich komme im Hauptteil darauf zurück.

Zum Abschluß meiner einleitenden Ausführungen zum Begriff Supervision noch ein erhellendes Zitat von Walter Andreas Scobel, einem Fachautor aus der „Helferszene“, der ein Buch mit dem Titel „Was ist Supervision?“ geschrieben hat. Seines Erachtens „sollte Supervision in diesem beruflichen Feld, also Psychiatrie – Psychotherapie – Psychosomatik, drei Ziele verfolgen, welche in jeder Weise psychotherapeutischen Charakters sind:

- Introspektion (Innenschau) und Selbstöffnung,

- Selbstreflektierende Analyse des eigenen beruflichen Handelns,

- Auseinandersetzung mit der eigenen Person, aber auch mit den Supervisions-„Geschwistern“ und dem Leiter der Gruppe (Supervisor).

Im Gegensatz zur Psychotherapiegruppe oder aber zur Einzelpsychotherapie oder Selbsterfahrungsgruppe muß dieses Geschehen in der Supervision eng an den beruflichen Kontext der Teilnehmer gebunden bleiben, so daß der Auftrag des Supervisors durchaus psychotherapeutisch ausgerichtet ist, nicht aber der Arbeitshintergrund und das Arbeitsziel der Gruppe (...)“ (27).

Diese Nähe des Supervisionsbegriffs zum Psycho-Bereich schreckt die „Macher“ in der betrieblichen Praxis ab. Sie reden lieber von „Coaching“ – das klingt sportlich, das ist ein akzeptabler Begriff für „professionelle Managementberatung“ (28).

Ursprünglich bedeutet das Wort *Coach* „Kutsche“. Die Autorin des neuesten deutschsprachigen Buches zum Thema, Astrid Schreyögg, selbst Psychotherapeutin, Supervisorin und jetzt Expertin für Coaching, assoziiert damit „einen ‚kuscheligen’ Ort, an dem ein Mensch all seine Gefühle, Fragen oder Sorgen ausbreiten kann. Der Coach erhält dann bei Spitzensportlern wie etwa bei Tennisstars, die durch ihre hohe Mobilität oft stark vereinsamt sind und Höchstleistungen erbringen wollen, die Bedeutung eines intimen Solidarpartners für alle fachlichen und emotionalen Themen“ (29).

Ist das bei Managern auch so? Schreyögg bezeichnet Coaching als „innovative Form der Personalentwicklung“ (30), als „Personalentwicklung für Manager“ (31). Allerdings wird der Begriff *Coaching* in dem relativ neuen Standardwerk von Neuberger über „Personalentwicklung“ nur einmal erwähnt als ein Bestandteil seines „weite(n) Begriff(s) von PE“ neben anderen Begriffen wie „Outplacement“, „Karriere“ u.a. (32). Und im Glossar dieses Buches steht nur:

„Coaching: trainieren, pauken, einüben, einarbeiten; Nachhilfeunterricht, Training“ (33). Kein Wunder, daß die Gesamtüberschrift zum Titelthema „Coaching und Supervision“ in der Fachzeitschrift „ManagerSeminare“ lautet: „Wie Führungskräfte laufen lernen“ (34)...

Im PE/OE-Handbuch von Heeg und Münch befindet sich im Kapitel über „Maßnahmen zur Personal- und Organisationsentwicklung“ ein kurzer Abschnitt über Coaching im Sinne von „Mentorenschaft“, worunter „verkürzt formuliert“ die „personenbezogene Beratung von Menschen in der Arbeitswelt“ verstanden wird (35). Die Autoren unterscheiden sechs Fälle, in denen ein interner oder externer Coach zum Einsatz kommen kann, zum Beispiel ein „externer Coach für eine Führungskraft“ (36). Ich zitiere ihre wissenschaftlichen Formulierungen zu diesem PE-Element:

„Ein Kennzeichen des Coaching ist generell das Vorhandensein einer interdisziplinär angelegten Schnittfeldqualifikation, die ihre Wurzeln in einem humanwissenschaftlichen Zugang einerseits (Psychologie, Pädagogik, Philosophie) und einem sachrationalen, technisch-wissenschaftlich orientierten Verständnis von Management andererseits hat. Diese Mischung ist erforderlich, weil Coaching ein konzeptionelles Implantat darstellt, das mit theoretischen und praktischen Anleihen aus den verschiedenen Disziplinen arbeitet.
Coaching beschreibt somit ein Beziehungsgeschehen für eine jeweils (im Einzelfall) abgrenzbare Gruppe von Menschen mit einer abgrenzbaren Thematik, die sich gleichermaßen auf Sachfragen wie auf persönlichkeitsorientierte Fragen bezieht. Die Berufsrolle und die zwischenmenschlichen Beziehungen, die im jeweiligen Sachzusammenhang wesentlich sind, werden mitbetrachtet.
Coach und ‚Klient‘ ergänzen sich dabei wechselseitig, jeder ‚lernt‘ vom anderen, und beide erarbeiten gemeinsam bestimmte Problemsituationen und ergänzen sich.“ (37)

Thomas Sattelberger ist in seinen Überlegungen noch differenzierter und setzt „Coaching“ in den Kontext einer „Aufgabenkultur“, in der „übergeordnete Ziele“ verfolgt werden, während „Mentorentum“ bei ihm die „Form der helfenden Unterstützung“ innerhalb einer „Personenkultur“ darstellt, deren Charakteristikum u.a. die „Befriedigung der Bedürfnisse der Mitglieder“ ist. Beide Unternehmens-Kulturen unterscheiden sich sowohl von der sog. „Rollenkultur“, innerhalb derer durch „Unterweisung“ geholfen wird, als auch von der „Machtkultur“, in der die „Gesetze des Dschungels“ herrschen – hier ist die gängige Haltung gegenüber dem Nachwuchs: nicht unterstützen, sondern „ins Wasser werfen“ (38).

In dem von Sattelberger herausgegebenen Buch „Innovative Personalentwicklung“ geht es um den internen Coach. „Vorgesetzte“ wie zum Beispiel Abteilungsleiter haben „Coaching-Verpflichtung“ (39), sie sind „Coach im Praxis-Lernen (action learning)“ (40), mit ihnen gehen die Nachwuchskräfte „Lernpartnerschaften“ ein, in denen ihnen „Betreuung“ zukommt (41). Zusammen soll verhindert werden, dass jemand untergeht.

1.4.3 Was heißt hier Innovation?

Unter „Innovation“ versteht Bernd Maelicke, der ein Buch über „Soziale Arbeit als soziale Innovation“ geschrieben hat, eine „signifikante Veränderung/Neuerung“ von „bestehenden Handlungsstrukturen und -bedingungen in sozialen Systemen“. Dabei gehe es weniger um „Systemintegration (also die eher technokratische Absicherung des Funktionierens des bestehenden Systems)“, als vor allem um die „Sozialintegration“, also die „zielgerichtete Entwicklung der Gesellschaft“ wie auch die „Förderung/Entfaltung der menschlichen Persönlichkeit“ (42).

Im Institut Technik & Bildung wird „Innovation" in vielen Projekten thematisiert, und im September 1991 veranstaltete dieses Berufsbildungsforschungsinstitut an der Universität Bremen ein großes internationales Symposium zum Thema „Qualifikation: Schlüssel für eine soziale Innovation". Bei dieser Gelegenheit kam ich erstmals mit Expert(inne)n für Organisations- und Personalentwicklung aus Theorie und Praxis zusammen, denn ich war damals von der Universität dafür engagiert worden, diesen Kongreß zu organisieren. Ich erinnere mich gut daran, wie praxisnah die angesprochenen Probleme diskutiert wurden – zum Beispiel die Frage: „Sozialkompetenz – wo lernt man das?" (43)

Hans-Dietrich Engelhardt, der sich in seinem Buch „Innovation durch Organisation" Gedanken über „problemangemessene Organisationsformen" macht, versteht unter Innovation die „Minderung oder Überwindung eines aktuellen Problems durch neue Bewältigungsmuster", durch die eine „Verbesserung der Effektivität oder Effizienz" erreicht werden kann. Mit Verbesserung der „Effektivität" ist gemeint, „daß ein Problem durch eine Innovation qualitativ besser gelöst oder bewältigt wird". Das wird begrüßt, während – wie Engelhardt betont – der Begriff „Effizienz" in der Sozialarbeitsdiskussion „mit Emotionen befrachtet" ist, „weil er als wirtschaftliche Kategorie gilt, die das Verhältnis von Aufwand und Ergebnis beschreibt" – seine Relevanz für den Sozialbereich wurde bisher „weitgehend kategorisch zurückgewiesen" (44). Die Betriebspraktiker im Volkswagen-Konzern und anderswo haben damit natürlich weniger Probleme als mit dem Begriff „Supervision", der ein neues Problemlösungsinstrument aus dem Sozialbereich bezeichnet.

Wolfgang Weigand, der über „Supervision als Innovationsinstrument sozialer Arbeit" schreibt, hebt hervor, daß Supervision in Institutionen viele neue Themen auf der „Handlungsebene" und der „Bearbeitungsebene" haben kann, zum Beispiel „unklare Rollenbeschreibungen", „verdeckte Kommunikationsstrukturen" und der „verschleierte Umgang mit Macht" (45) – kurz: die Macht der „heimliche Spielregeln", wie der Unternehmensberater Peter Scott-Morgan in seinem aktuellen und erfolgreichen (3. Auflage innerhalb des Erscheinungsjahres 1995) Buch über die „ungeschriebenen Gesetze in Unternehmen" schreibt (46) – es gibt sie auch im Sozialbereich.

Es ist deshalb anzunehmen, daß Supervision als innovatives Element von Organisations- und Personalentwicklung nur in den Betrieben eine Chance hat, in denen nicht mehr die „Machtkultur" herrscht, die Sattelberger als „willkürliche Autokratie" charakterisiert (47), sondern in denen das neue Konzept der „lernenden Organisation" (48) praktiziert wird. Ein „lernendes Unternehmen" (49) ist eine Organisation mit einer menschlicheren Unternehmenskultur, in der schon andere neue PE-Instrumente wie zum Beispiel Assessment-Center angewandt werden (50). Hier haben vermutlich auch solche innovativen Methoden eine Chance, die aus dem psychosozialen Bereich stammen und „Anleihen aus therapeutischen Verfahren" (51) haben, denn Thomas Sattelberger, der als leitender Personalentwickler im Daimler-Benz-Konzern tätig ist, bezeichnet seine Vorstellungen von seinem Arbeitsbereich explizit mit den Worten: „Personalentwicklung neuer Qualität durch Renaissance helfender Beziehungen" (52).

Vielleicht ist es nur noch eine Frage der Zeit, daß fortschrittliche Personalentwickler in „lernenden Unternehmen" auch das Fremdwort „Supervision" akzeptieren, das letztlich nur ein neuer Begriff ist für das, was – zum Beispiel in der VW Coaching Gesellschaft – schon praktiziert wird, denn dort, wo ein „Assessment-Center" endet, „beginnt Supervision, denn der Supervisor begleitet die Teilnehmer, um ihre Stärken zielgerichtet und wirksam weiterzuleiten" (53).

2. Hauptteil

2.1 Hilfe zur Selbsthilfe: Supervision und Coaching

Innovative Organisations- und Personalentwicklung muß, um dem aktuellen Transformationsprozeß des Arbeitslebens zu entsprechen, ständig neue Elemente in ihr Spektrum an Methoden und Instrumenten aufnehmen. Die neuen Elemente Supervision und Coaching beziehen sich auf die aktuellen Veränderungen in der Arbeitsorganisation, die durch eine verstärkte Notwendigkeit zur Zusammenarbeit der Mitarbeiter/-innen in Gruppen oder Teams gekennzeichnet sind, wobei Gruppenarbeit und Teamwork (54) neue Qualifikationen erfordern, die in den allgemein- und berufsbildenden Schulen bisher kaum vermittelt werden.

Die Mitarbeiter und Führungskräfte in den Betrieben der Privatwirtschaft und natürlich auch die in den öffentlichen Unternehmen brauchen Unterstützung bei der Umstellung auf die neuen Arbeitsformen, und auch die Lehrkräfte im Bildungsbereich haben „Nachhilfe" nötig, wenn sie in speziellen Projekten erfolgreich zusammenarbeiten wollen. Die Spezialist(inne)n für Coaching und Supervision, die ihnen helfen, die mit der Umorientierung zusammenhängenden Probleme und die bei der konkreten Kooperation mit Kolleg(inne)n entstehenden Schwierigkeiten zu meistern, verstehen ihre Unterstützung als „Hilfe zur Selbsthilfe" (55).

2.1.1 Versuch einer Abgrenzung: Ist Coaching „Einzelsupervision"?

Manche Mitarbeiter/-innen möchten unabhängig von Hilfen, die ihre Teams vielleicht schon erhalten, für sich allein Rat und Beistand in Einzelsitzungen bekommen – zum Beispiel Arbeitskräfte im Sozialbereich, die ihre berufliche Ausbildung abgeschlossen und in ihrem Praxisbereich mit Elan und Engagement zu arbeiten begonnen haben. „Sie möchten durch die Reflexion ihrer Arbeit in der Einzel-Supervision besser verstehen lernen, welches die Gründe und Ursachen für belastende Situationen und Konflikte sind." (56) Es können zum Beispiel Angstgefühle (57) sein, die ein/-e Einzelgänger/-in bekommt, wenn neue Formen der Arbeitsorganisation mehr Nähetoleranz und Kooperationsbereitschaft verlangen, als ein zur Einzel(höchst)leistung erzogener Mensch hat. Hier ist – zusätzliche und temporäre – individuelle Beratung sinnvoll. Ob diese Beratung nun „Coaching" oder „Einzelsupervision" genannt wird, hängt sowohl vom institutionellen Kontext als auch von den Inhalten der Gespräche ab, zum Beispiel davon, wie intensiv die Ursachen für ein Problem ergründet werden. Wichtig ist zu wissen, daß „Supervisor(inn)en" eine längere, qualifiziertere und psychoanalytisch orientierte Ausbildung absolviert haben – ihre Berufsbezeichnung ist geschützter als die eines „Coach", der vielleicht nur an einer innerbetrieblichen Fortbildung (einer Art „Mentorentraining" o.ä.) teilgenommen hat.

Die Beratungsmethoden, mit denen Supervision und Coaching betrieben werden, „verfließen" (58). Ich habe mich mit Blick auf das empirische Material, das meinen Überlegungen zugrunde liegt, dafür entschieden, im folgenden nur dann den Begriff „Coaching" zu verwenden, wenn berufliche Einzelbetreuung durch eine betriebsinterne Führungskraft oder eine(n) enterne(n) Berater/in gemeint ist, und von Supervision, wenn es um die Beratung einer Gruppe geht.

2.1.2 Vielfalt der Supervisionsarbeit: Ansätze und Praxisfelder

Supervision wird in Zukunft – so meine Hypothese – in immer mehr Praxisfeldern nachgefragt werden, in denen Menschen unter ungewohnten Bedingungen und in neuen Formen lernen und arbeiten – zusammenarbeiten – müssen. Geeignet ist Supervision für alle Berufsgruppen, „die in hohem Maße mit anderen Menschen in Kontakt kommen, und bei denen die professionelle Handhabung der zwischenmenschlichen Beziehung über Erfolg oder Mißerfolg einer Organisation entscheidet. Aufgrund der traditionellen Entwicklung der Supervision aus dem sozialfürsorgerischen Bereich hat sich lange Zeit die Supervision als Beratungs- und Weiterbildungsmethode vor allem für Sozialarbeiter, Seelsorger und ähnliche Berufsgruppen herausgestellt" (59).

Anders als in der Pionierphase klassischer Sozialarbeitersupervision mit Fallbesprechungen als vorherrschender Form der Praxisberatung ist die Supervisionsarbeit heute durch einen Pluralismus der angewandten Methoden und eine Vielfalt der verwendeten Ansätze gekennzeichnet. Es hat sich herausgestellt, daß für die verschiedenen Berufsgruppen und Praxisfelder unterschiedliche Vorgehensweisen und Modelle sinnvoll sind. Ärzte, die in einer eigener Praxis arbeiten, sind zum Beispiel mit dem nach einem ungarischen Arzt benannten „Balint-Ansatz" gut bedient. Das ist ein explizit psychoanalytisch orientiertes Verfahren, das die unbewusste Beziehung zwischen Arzt/Helfer und Patient/Klient in den Mittelpunkt stellt und für Teamsupervision nicht sehr geeignet ist, weil in diesem Konzept die „Gruppe" als eigenständige soziale und psychologische Einheit mit der ihr eigenen Dynamik nicht mitreflektiert wird. (60)

Für Teams ist das Modell von Foulkes, dem Begründer der analytischen Gruppentherapie, erfolgversprechender. Foulkes betrachtet die Gruppe als eine „Gestalt" und sieht sie vor dem Hintergrund der sie umgebenden Institutionen und der Gesellschaft insgesamt (61), was für die Praxisberatung im Rahmen von Organisationsentwicklungsprozessen natürlich sinnvoll ist und die Basis für Modelle wie das der sogenannten „integrativen Gestaltsupervision" (62) darstellt.

Wer als Supervisor/-in mit Gruppen arbeitet, sollte auch die anderen Methoden und Ansätze kennen, die durch Schlagworte wie „systemische Supervision" (63), „themenzentrierte Interaktion" (64), „Transaktionsanalyse" (65), „Psychodrama" (66) u.a. gekennzeichnet sind. Jeder methodische Ansatz hat seinen Wert für die Reflexion spezifischer Situationen in zwischenmenschlichen Beziehungen, wie sie auch im Arbeitsleben vorkommen.

2.2 Die Gruppe im Blickpunkt: Teamsupervision

Teamsupervision ist inzwischen eine weit verbreitete Form von Supervision – die Nachfrage danach ist stark gestiegen, seit mehr in Teams gearbeitet wird und diese Praxisberatung oder auch Projektbegleitung wünschen. (67) Teamsupervision ist eine Sonderform von Gruppensupervision, und sie ist „für alle Beteiligten schwieriger" (68), weil die Mitglieder auch außerhalb der Gruppensitzungen in ihrem Berufsalltag miteinander zu tun haben, in dem nicht immer sportlich „fair" miteinander umgegangen wird, vor allem nicht in ökonomischen Krisenzeiten.

Allerdings hat mangelnde Offenheit und egozentrischen Verhalten nicht nur mit der Angst zu tun, den Arbeitsplatz zu verlieren, wenn die (Einzel-)Leistung nicht ausreicht. Auch in Supervisionssitzungen mit verbeamteten Lehrer(inne)n – v.a., wenn diese in der selben Schule tätig sind –, spielen „Konkurrenz- und Rivalitätserlebnisse" in den eingebrachten Themen und auch auf der Verhaltensebene „eine gleich große Rolle wie in der Schule selbst", die ja „kein pädagogisches Paradies" ist, sondern eine hierarchisch organisierte „Anstalt" mit autoritätsgebundenen Arbeits- und Lernverhältnissen, die die Leistungen ihrer Mitglieder kontrolliert und „zensiert" (69).

Nun ist die Arbeit in der selben Schule noch keine „Teamwork", denn unter „Team" wird eine „kooperierende Arbeitsgruppe im Rahmen einer Institution" (70) verstanden, und an Zusammenarbeit mangelt es dort ja gerade. Dieser Mißstand ist einer der Gründe, aus denen sich die Projektgruppe für den Modellversuch „Organisationsentwicklung und berufliche Bildung" zusammengefunden hat, die von ihrem Supervisor Thomas Heins wohl zu Recht als „Team" bezeichnet wird. Diese Gruppe besteht – so steht es in seinem „Prozeßbericht" - aus engagierten

Lehrern mit langer Berufserfahrung, von denen einige als „Außenseiter“ in ihrem Berufssystem gelten, und deren bisherige Arbeitsbedingungen „Vereinsamung und Einzelkämpfertum“ implizierten, was Folgen für den Supervisionsverlauf hatte. (71)

2.2.1 Gemeinsame Selbstreflexion unter Anleitung

Gruppen haben unterschiedliche Ansprüche an Supervision, und die Supervisionssitzungen finden nicht immer auf eigene Initiative statt. Die Bremerhavener Lehrer hatten sich – ihrer Leistungsorientierung entsprechend – ein sehr hohes Arbeitspensum vorgenommen, so daß für Selbstreflexion nur wenig Zeit blieb. Ziel des vom Senator für Bildung und Wissenschaft geförderten OE-Projekts an ihrem Schulzentrum ist, „Bedingungen zu schaffen, verantwortungsbewußte Arbeit im Rahmen von Selbstorganisation zu ermöglichen“. Es scheint mir sehr sinnvoll zu sein, daß die Projektarbeit durch einen psychologisch gebildeten, außenstehenden Nicht-Lehrer begleitet wird, der es merkt und in Worte fassen kann, daß die Arbeit in der Gruppe „stark von selbstauferlegten (gewohnten) und der bisherigen Schulform entlehnten Arbeits- und Umgangsformen bestimmt“ ist. Die Gruppe habe – so schreibt ihr Supervisor – ihre eigenen „Voraussetzungen für Selbstorganisation noch nicht befriedigend herstellen können“, ein großer Teil der Arbeitsenergie sei noch in der Gruppe gebunden, in der es für die Mitglieder „eine Bedrohung und Herausforderung“ darstelle, „sich selbst, eigene Interessen und Arbeitsstile in der ‚Öffentlichkeit’ der Gruppe zu zeigen und damit einer Bewertung (‚Benotung’) auszusetzen“. „Wissen ist Macht, uneffektive Arbeit (Fehler) wird mit persönlichem Versagen gleichgesetzt. Diese der heutigen Schulform entsprechenden Prämissen blockieren eine Entwicklung der Schule und des Modellversuchs“, hebt Heins in seinem Bericht kritisch hervor. (72)

Es ist schwierig für die Lehrer, „umzudenken“, wie es der VW-Personalentwickler Peter Haase fordert, damit die von ihnen unterrichteten Schüler/-innen in Zukunft besser für die Arbeitswelt ausgebildet werden, in der die Fähigkeit zur kreativen und konstruktiven Zusammenarbeit erfolgsentscheidend ist.

Die Lehrertätigkeit ist bis heute reduziert auf Wissensvermittlung und Fehlerbeseitigung. Der „Umgang mit Wissen und Fehlern“ wurde von Heins im Prozeß der Teamsupervision sehr genau beobachtet, und er versucht, den Gruppenmitgliedern bewußt zu machen, daß fehlende Kenntnisse „weder Schicksal noch Schande“ sind, sondern eine „interessante, entwicklungsfördernde Aufgabe“. „Die Gruppe als Ganzes und auch einzelne Mitglieder bemühen sich in der Regel, ‚Fehler’ durch mehr Engagement (mehr desselben) auszugleichen“, schreibt er und empfiehlt für die zukünftige Arbeit, „Fehler/Störungen nicht zu beseitigen, sondern als Entwicklungspunkte zu nutzen; dazu gehört der reflektive Umgang mit Störungen, Wahrnehmung und Nutzung von Ressourcen, Einbindung von Außenseiterimpulsen als Indikator für nicht ausreichend berücksichtigte Tendenzen“. (73)

Die Heftigkeit zeitweilig aufgetretener „Turbulenzen“ sei aber „keineswegs Ausdruck von Inkompetenz oder destruktiven Tendenzen, sondern vielmehr getragen von dem persönlichen Engagement der Mitglieder. In der Arbeitsgruppe haben sich Kollegen zusammengefunden, denen die Verbesserung der Schule nach langen Jahren eingeschränkter Handlungsmöglichkeiten und schlechter Arbeitsbedingungen ein vitales Bedürfnis ist“ (74). Supervisor(inn)en sind mal mehr und mal weniger in das Durcheinander involviert, zu dem es in den Gruppensitzungen kommen kann – sie stehen nicht über dem Geschehen, können aber „in der Regel die Verwicklungen durchschauen und entknäueln“ (75).Sie müssen es ertragen, interpretieren und zur Not auch „steuern“ können, ohne sich von den Vorgesetzten der Teammitglieder vereinnahmen zu lassen, zum Beispiel um Führungsschwächen in der betreffenden Institution auszugleichen – ein wichtiger Punkt, auf den u.a. Wolfgang Schmidbauer ausdrücklich hinweist. (76)

2.2.2 Engagement und die Fähigkeit zur Distanzierung

Supervisor(inn)en helfen den oft sehr stark engagierten Menschen, die sie beraten, Abstand zu bekommen von den verwirrenden, irritierenden und auch kränkenden Erlebnissen in ihrem Berufsalltag, in dem es kaum Stabilität und keine einfachen Lösungen gibt. Aus veränderter Perspektive fällt es leichter, das belastende Problem zu analysieren und Lösungsmöglichkeiten zu finden. Nur wenn diese Fähigkeit vorhanden ist, sich auch mal vom Geschehen zu distanzieren, kann der Streß abgebaut werden, der durch andauernden Leistungs- und Problemdruck entsteht.

Es ist unabdingbar für die Steuerung der Selbstreflexion beruflichen Handelns, daß die Supervisor(inn)en, die in diesem Reflexionsprozeß die Probleme der Betroffenen „spiegeln“ und durch diese Intervention involviert sind, selber die Balance zwischen „Engagement“ und „Distanzierung“ halten können. Sie sind über ihre Tätigkeit „Teil des Systems“, müssen aber auch in der Lage sein, „zurückzutreten“, das System mit sich selbst als Teil zu beobachten und „seine relevanten Sachverhalte zu diagnostizieren“. Diese „Grundspannung von Engagement und Distanzierung aufrechtzuerhalten und mit ihr zu arbeiten“ ist „die zentrale Voraussetzung“ für gelungene Beratungsarbeit. Kurt Buchinger, den ich hier zitiere, nennt das Entwickeln und Aufrechterhalten dieser Spannung „Selbstreflexion, aufgabenbezogene Selbstreflexion des Systems, dessen Teil der Steuernde ist“ (77).

2.2.3 Zur Rolle des Supervisors / der Supervisorin

Ein Supervisor ist zwar kein „Steuermann“, aber er ist doch eine Führungskraft, wenn auch ohne hierarchische Macht. Er will die Handlungskompetenzen der Supervisanden stärken – erzwingen kann er nichts. Vertrauensvolle Zusammenarbeit ist die Grundbedingung gelungener Supervision.

„Die Rollenmöglichkeiten des Supervisors sind vielfältig und schillernd geworden“, schreibt Nando Belardi in seiner Abhandlung „Supervision: Von der Praxisberatung zur Organisationsentwicklung“ und verweist auf „interne“ und „externe“ Herkunft sowie auf verschiedene Feldkompetenzen der Supervisoren. (78) Ein anderer Experte, der einen Beitrag für das von Gerhard Fatzer herausgegebene Handbuch „Supervision und Beratung“ verfaßt hat, sieht die Hauptaufgabe des Gruppensupervisors, bezogen auf das einzelne Gruppenmitglied, „darin, ihm zu helfen, sein bisheriges Erleben und dessen bewußte und unbewußte Interpretation zu überprüfen. Dieses geschieht vor allem durch die Auseinandersetzung mit dem Erleben der anderen und mit deren Interpretation. Damit das aber wirklich geschehen kann, bedarf es einer a n g s t a r m e n A t m o s p h ä r e , in der der Supervisand sich nicht gedrängt fühlt, etwas anders als aus Überzeugung zu übernehmen“ (79).

Ob ein Supervisionsprozeß gelingt, hängt nicht zuletzt von der Person des Supervisors ab, wie Johannes Schaaf vor zehn Jahren in seinem sehr persönlichen Beitrag für die Zeitschrift „Gruppendynamik“ betont hat. Das Ergebnis seines eigenen Lernprozesses halte ich für wichtig gerade im Zusammenhang mit meinen Überlegungen zu den Themen „Supervision von Lehrern“ und „Coaching von Managern“ – zwei stark leistungsorientierte Berufsgruppen mit Anteilen der hier in Frage gestellten Persönlichkeitsstruktur von Einzelkämpfern. Supervisoren haben ja eine ähnliche Sozialisation im tradierten Bildungssystem erfahren. Schaaf hat sich intensiv damit auseinandergesetzt, und seine Offenheit halte ich für vorbildlich – nicht nur Lehrer/-innen, sondern auch Expert/-innen für Organisations- und Personalentwicklung sollten sich m.E. daran ein Beispiel nehmen. Er gibt ehrlich zu, dass auch er nicht frei von Angstgefühlen ist, und führt dazu aus:

„Die Angst vorm Versagen an den eigenen und (phantasierten) fremden Ansprüchen redet uns ein: warte noch, du mußt erst noch dies und das lernen, haben, machen. Und nährt damit die Phantasie, daß gerade in mir der Retter, der Helfer steckt, von dem alles abhängt, und der deshalb keine Fehler machen darf. Was darauf hinausläuft, sich perfekte, d.h. in der Praxis bereits bewährte Strategien anzueignen, um mit ihnen der eigenen Angst zu begegnen und die Allmachtsphantasien zu verfolgen. Aber das bedeutet Aufrechterhaltung von Kontrolle und Herrschaft und verhindert, daß etwas Neues, Gemeinsames, Lebendiges entsteht.
‚Supervision ist immer auch ein Stück Therapie': entgegen jugendlichen Phantasien von einer gewissen Vollkommenheit, die mich im reifen Erwachsenenalter zieren würde, bin ich inzwischen überzeugt, daß ich mich, wie alle anderen auch, bis an mein Lebensende werde abplagen müssen mit der Tatsache, daß ich noch immer voll bin von unausgegorenen Größen- und Machtphantasien und entsprechend umfassender Kränkbarkeit darüber, sie nicht einlösen zu können. Und daß mir beides vor allem entgegentritt in der Gestalt anderer Menschen, mit denen ich es zu tun habe. Ich denke, die Wurzel aller Angst ist die Angst vor der (neuerlichen) Entdeckung, daß ich selbst es bin, den ich am meisten fürchte, bekämpfe – und liebe. Psychoanalytisch-gruppendynamisch orientierte Supervisionsarbeit fördert diese Einsamkeit des einzelnen zu Tage, sowohl als seine unverwechselbare personale Identität, aber auch als seine Möglichkeit, sich selbst und andere zu verstehen und sich darin mit der eigenen Begrenztheit und Endlichkeit zu versöhnen." (80)

2.3 Die Person im Mittelpunkt: Coaching als Einzelberatung

Wie schon in der Einleitung dargelegt, wird „Coaching" in der aktuellen Literatur als „innovative Form der Personalentwicklung" bezeichnet. Dabei handelt es sich, wie Astrid Schreyögg in ihrem Buch zum Thema schreibt, um „Personalentwicklung für Manager und Freiberufler" (81). Wolfgang Looss, der ein Buch speziell über „Coaching für Manager" (82) verfaßt hat, und der dieses Novom in seinem ebenfalls sehr informativen Artikel für einen Sammelband „im Kontext von Organisations- und Personalentwicklung" analysiert, definiert Coaching als „Variante personenbezogener Beratung", mit der, da es um „personenbezogenes Lernen" geht, „ - nach vielen Jahren vorwiegend strukturorientierten Vorgehens - eine individualisierte Lernform Eingang in die Entwicklungsarbeit an Organisationen" findet (83). Dabei werde diese Beratungsform „Coaching" genannt, weil der Begriff „Supervision" im Zusammenhang mit Unternehmen und Management „noch nicht anschlussfähig" (84) sei. „Es ist in vielen Unternehmen immer noch erlaubter, zum Lernen auf ein Seminar zu gehen als in die Einzelberatung." (85)

Ich möchte hier ausdrücklich Oswald Neubergers Definition von Personalentwicklung in Erinnerung rufen, die ich im einleitenden Teil meiner Ausführungen zitiert habe (s. S. 7). Neuberger betont, daß die Zielsetzungen des U n t e r n e h m e n s (v.a. die „Verwertungsabsicht") im Vordergrund stehen und nicht die des M i t a r b e i t e r s. Es ist also anzunehmen, daß durch ein so teures Instrument wie Coaching bestimmte Mitarbeiter/-innen leistungsfähiger gemacht werden sollen, sozusagen fit für den Wettbewerb, in dem ihr Arbeitgeber – das Unternehmen, das Qualitätsprodukte („Spitzenware") herstellen will und muß – steht.

In diesem Zusammenhang ist der Begriff „Coaching" sinnvoll, auch wenn er „inflationär" (86) – also ungenau – verwendet wird. Er macht Sinn, weil es um Sieg oder Niederlage geht, ums Überleben im härter gewordenen ökonomischen Konkurrenzkampf, auch für die einzelne Arbeits- bzw. Führungskraft.

In der Privatwirtschaft zielt die Verwendung neuer PE-Verfahren eindeutig auf Effizienzsteigerung. So dient die Anfang dieses Jahres gegründete „Volkswagen Coaching Gesellschaft" dem „Ziel, die Qualität der Belegschaft des Volkswagen-Unternehmens durch zielgruppengerechte, bedarfsorientierte und effiziente Qualifizierungsmaßnahmen unter dem

Motto ‚Fordern und Fördern von Spitzenleistungen' zu sichern und auszubauen“ (87). Dabei hat der Coach als „Prozeßbegleiter“ die Aufgabe, bei der (potentiellen) Führungskraft „unternehmerisches Denken zu fördern“ (88).

„Coaching ist ein Modewort“ (89), das aus dem Spitzensport stammt und von so bekannten Beratern wie Horst Rückle verwendet wird, der sehr differenziert über diese Betreuungsmethode geschrieben hat. Rückle berät seit vielen Jahren als externer Coach seine Kunden aus den Führungsetagen großer Unternehmen – in Einzelsitzungen – schwerpunktmäßig in den Bereichen „Persönlichkeitsentwicklung, Unternehmensethik, Rhetorik und Körpersprache“, wie auf dem Schutzumschlag seines Buches zu lesen ist.

Im Leistungssport, so schreibt Rückle in der Einleitung seines umfangreichen Buches, ist der Begriff „Coach“ seit vielen Jahren „neben dem Begriff Trainer bekannt. Der inhaltliche Unterschied ist, daß Coachen eine viel weitreichendere und tiefgreifendere Bedeutung besitzt als Trainieren. Der Coach kümmert sich umfassender um den anvertrauten Sportler, er ist Trainer, Berater und Betreuer in einer Person. Er begleitet den Sportler vor, während und nach dem Wettkampf in fachlicher und psychologischer Hinsicht. Die ‚mentale Betreuung' hat dabei eine besondere Bedeutung. Der Coach ist es, der die Möglichkeiten und Grenzen der psychischen Belastbarkeit erkennt und auszuweiten versucht. Er ist es, der hilft, mit Frustration, Aggression, Leistungsdruck und Versagensangst umzugehen, stabile Motivation und anhaltende Konzentration aufzubauen. Er ist wirklich der ‚gute Freund' – nicht der Kumpel. Er ist stets zur Stelle und festigt mit Anerkennung und Kritik, manchmal auch mit Lob und Tadel das Selbstwertgefühl und das Selbstbewußtsein des Sportlers. Ziel dieser umfassenden Betreuung ist die Selbständigkeit und Selbstverantwortung des Sportlers im Umgang mit Problemen, Konflikten, Erfolgen, Mißerfolgen, Erwartungen und Zielsetzungen.“ (90)

Rückle informiert darüber, daß der Begriff „Coaching“ für die betriebliche Weiterbildung noch relativ neu ist, und er findet die Übertragung dieser Betreuungsform vom Sport auf betriebliche Verhältnisse „auf Anhieb faszinierend“ (91). Seine einleitenden Worte weckten bei mir die Erinnerung an den Hinweis des Supervisors Johannes Schaaf auf schädliche Größen- und Machtphantasien (s. S. 15) sowie an die Einschätzung des Personalentwicklers Thomas Sattelberger, daß „wahrscheinlich 2/3 (der selbsternannten C.) auf dem Markt Scharlatane sind“ (92), was auf Horst Rückle sicherlich nicht zutrifft. Er macht mit seiner Begeisterung neugierig auf die sechs Kapitel seines 1992 erschienenen Buches: „Wenn es gelänge, Menschen in Unternehmen, Mitarbeiter oder Führungskräfte, in ähnlicher Weise wie im Sport umfassend zu betreuen, welche Leistungen wären dann möglich? Was wäre es für eine Hilfe, wenn Mitarbeiter und Führungskräfte einen Coach hätten, der ihre Fähigkeiten im Umgang mit Problemen, Konflikten, Erfolgen, Mißerfolgen, Erwartungen und Zielsetzungen erweitern helfen würde!?“ (93)

Mir fällt auf, daß der Unternehmensberater Horst Rückle interessanterweise ganz andere Assoziationen in bezug auf das englische Wort „Coach“ entwickelt als die Supervisorin Astrid Schreyögg, die ja ebenfalls ein dickes Buch über Coaching geschrieben hat und – wie auf S. 9 zitiert – an eine „Kutsche“ denkt, an einen Ort also, an dem ungestört sehr persönliche Gespräche geführt werden können. Rückle seinerseits denkt an den Wagenlenker, der nicht drinnen sitzt, sondern vorn auf dem Bock mit den Zügeln in der Hand. Er schreibt: „Die sprachlichen Wurzeln hat das Wort Coaching aus dem englischen Begriff ‚Coach' gezogen, das übersetzt keine andere Bedeutung als ‚Kutscher' hat. Im ersten Augenblick wird man sich fragen: ‚Was hat denn der Kutscher mit dem Begriff Coach zu tun?' Aber beim genaueren Überlegen wird deutlich, daß zwischen der damaligen sprachlichen Bedeutung und dem heutigen Verständnis für Coaching ein Zusammenhang besteht. Denn der Kutscher hat die verantwortungsvolle Aufgabe, seine Pferde zu lenken. Es kommt dabei im wesentlichen darauf an, wie er mit den Tieren umgeht. Der Kutscher hat das Ziel, die Pferde so zu lenken, daß sie Fehltritte vermeiden und auf dem richtigen Weg bleiben. Dieses Ziel wird er am ehesten erreichen, wenn er die Tiere liebevoll behandelt, ihnen mittels seiner Zügel zielstrebig zeigt, was er will, und Belohnungen anbietet, die für seine Zugtiere erstrebenswert sind." (94)

Das ist ein bemerkenswerter Unterschied in der Betrachtungsweise, den eine feministische Forscherin als „signifikant geschlechtsspezifisch" bezeichnen würde und zum Ausgangspunkt einer spannenden psychologischen Untersuchung machen könnte. Natürlich geht es auch bei Rückle, der „systemisch" denkt, um zwischenmenschliche Beziehungen, wenn von Coaching die Rede ist, und zwar hauptsächlich um Gespräche zwischen Berufstätigen mit einem unternehmensinternen oder -externen Coach in der Form von Einzelsitzungen. „Beim Einzelcoaching arbeiten beide Partner in einer von Vertrauen getragenen Beziehung sowohl an der methodischen Kompetenz im Umgang mit Führungsaufgaben oder fachlichen Aufgabenstellungen als auch an der individuellen Weiterentwicklung, der Kompetenz im Umgang mit sich selbst. Beides zusammen versetzt den Gecoachten in die Lage, mehr und mehr auch komplexere Aufgabenstellungen in eigener Verantwortung systemorientiert bearbeiten und lösen zu können." (95)
Bei der Volkswagen Coaching Gesellschaft geht es um „neue Konzepte für den Führungsnachwuchs" (96). Dort betätigen sich erfahrene Führungskräfte als Coach für den Nachwuchs. Rückle schreibt zu diesem Aspekt: „Die Führungskraft als Coach ihrer Mitarbeiter ist nach Auffassung mancher Insider ‚ein alter Hut'. Natürlich hat ein Großteil der Personalentwicklung schon immer am Arbeitsplatz stattgefunden. Zum Beispiel dadurch, daß erfahrene Führungskräfte Mitarbeitern oder Nachwuchsmanagern bei der Gestaltung neuer oder schwieriger Aufgaben geholfen haben. Wenn dieses Vorgesetztenverhalten als Coaching bezeichnet werden soll, muß es allerdings systematisch angewandt werden und im Rahmen eines Konzepts geplant und realisiert werden." (97) Rückle hat mehr das zeitlich begrenzte Einzelcoaching im Blick als den permanenten Prozeß der innerbetrieblichen Nachwuchsförderung, wenn er die Praxis des Coaching beschreibt. Dabei gehe es „im persönlichen Gespräch darum, Veränderungs- und Selbsterkenntnisprozesse zu ermöglichen, durch Erweiterung der Selbstwahrnehmung das eigene Verhalten durchschaubarer zu machen. Neben der primär auf das Rollenverhalten zielenden Arbeit mit dem Beratungspartner weitet sich die Beratung und Einflußnahme beim Einzelcoaching erfahrungsgemäß auch auf andere Persönlichkeitsbereiche aus. Es ist schwierig, hier eine scharfe Grenze zwischen den einzelnen Rollen und ihrer wechselseitigen Wirkung zu ziehen. Ein qualifizierter Coach wird über die berufliche Rolle hinaus andere Rollen in bezug auf deren Wirkung betrachten." (98)

2.3.1 Anlässe und Bedingungen für Coaching

Das kostspielige Einzelcoaching, das Horst Rückle als externer Coach praktiziert, wird seit Mitte der 80er Jahre vor allem von Topmanagern und höheren Führungskräften nachgefragt. In den letzten zehn Jahren hat sich der Berufsalltag in den Unternehmen schnell und tiefgreifend verändert, was auch viele Vorgesetzte erschreckt und überfordert, die persönlich von diesem rapiden ökonomischen und sozialen Wandel betroffen sind, den sie mitgestalten sollen. Der Organisationsberater Wolfgang Loos sieht Coaching deshalb im direkten Zusammenhang mit OE-Prozessen: „Die Anlässe für solche Einzelberatungen rühren zum großen Teil von den Wirkungen und Gegebenheiten der Organisation her: Es sind häufig die Veränderungen in der Organisation, die der Person erhöhte Lernanstrengungen abverlangen; dabei ist weniger entscheidend, ob diese Veränderungen von außen (Markt, Technologie) oder von innen (Strukturwandel, Größenwachstum, Schrumpfung, Personenwechsel) herrühren. Die Person ist über die (wandelbare) Berufsrolle an das Geschehen der Organisation angebunden und jene ist über ihre relevanten Umweltbeziehungen mit dem Geschehen in der Umwelt verkoppelt. (...) In dieser Sicht gehört Einzelberatung von Rollenträgern, insbesondere von solchen mit organisatorischer Bedeutung, in den Methodenvorrat der Organisations- und Personalentwicklung." (99)

Die hier zitierten Berater denken „systemisch" wie die qualifizierten Supervisor(inn)en. Ihnen ist die Erkenntnis wichtig, dass Unternehmen und Menschen heute in einem „vernetzten System" leben, was – wie Rückle in seiner langjährigen Praxis als Coach erfahren hat – den „Führungskräften der neuen Generation" immer bewußter wird. Sie merken, daß „ganzheitliches Denken" notwendig ist, und sie sehen sich selbst nicht mehr als „Beherrscher" oder „Macher" des Systems, sondern als „Impulsgeber" oder „Katalysator". „Der Prozeß ist der Motor des Systems und nicht wie früher Ordnung das Gesetz der Organisation." Auch in den Unternehmen ist die „statische Ordnung" verschwunden, „in der die Bedingungen längere Zeit konstant bleiben". Die Wirklichkeit der Gegenwart „ist dynamisch, sie verändert sich permanent, und das Tempo der Veränderungen erfordert immer schnellere Lernprozesse und Entwicklungen. Von heutigen Führungskräften, die vom systemischen Denken und Handeln geprägt sind und den neuen Managementstil leben, wird erwartet, daß sie schon jetzt Potentiale zur Lösung zukünftiger Aufgaben und Probleme vorbereiten." (100)

Die Manager/-innen sind ebenfalls Schlüsselpersonen im Prozeß des sozioökonomischen Wandels. Sie haben jedoch ebenso wenig wie die Lehrer/-innen an allgemein- und berufsbildenden Schulen, die den Arbeitskräftenachwuchs erziehen, gelernt, etwas „in selbstorganisierter Entwicklung gedeihen (zu) lassen", was Rückle als „Erfolgsrezept zukünftiger Führungsarbeit" umschreibt (101). Auch sie brauchen Hilfe und Unterstützung durch individuelle Beratung, die umso wirkungsvoller sein wird, je mehr folgende Bedingungen erfüllt sind: In aller Kürze gesagt sollte der qualifizierte und seriöse Coach, der im übernächsten Abschnitt noch einmal gesondert ins Visier genommen wird, unabhängig, diskret und vertrauenswürdig sein, und der Klient oder die Klientin sollte sein partnerschaftlich orientiertes Beratungsangebot freiwillig und selbstmotiviert annehmen. Immer mehr Führungskräfte tun dies, weil sie es allein nicht mehr schaffen, weil sie in ihrer herausgehobenen Position meist ziemlich isoliert und recht einsam sind, und weil es innerhalb der Unternehmen noch immer so schwer fällt zuzugeben, nicht der „starke Alleskönner" zu sein, wie es dem klassischen Idealbild des Managers entspricht. (102)

Ich möchte hier nur kurz darauf hinweisen, daß sich die Arbeitsbedingungen der verschiedenen Berufsbereiche immer mehr angleichen. Moderne Managementmethoden werden heute verstärkt auch im Bereich der helfenden Berufe angewandt, und in jüngster Zeit brauchen auch immer mehr „Sozialmanager" in der Helferszene, in der die Karriere zur Führungskraft – wie Horst-Eberhard Richter so treffend analysiert hat – mit ganz besonderen Ängsten und Isolationserlebnissen verbunden ist (103), Einzelberatung, seit ihre Praxisfelder immer stärker ebenfalls wirtschaftlichen Effizienzbedingungen unterliegen. Astrid Schreyögg beschreibt die neuen Anforderungen an die sozialen Organisationen in ihrem Buch „Coaching" wie folgt: „(.) sie müssen analog zu Wirtschaftsbetrieben lernen, sich auf einem hochkonkurrenten Markt zu bewähren; denn in den konjunkturellen Blütezeiten der 80er Jahre wurde ja eine große Zahl vergleichbarer Dienstleistungssysteme gegründet, die auch in Zeiten der Rezession möglichst alle überleben wollen." (104)

Es geht also in allen genannten Berufsbereichen ums Umdenken und Neulernen unter Anleitung eines Coach. Die Coaching-Methode dieses speziellen Beraters liegt – wie Wolfgang Loos schreibt – gewissermaßen „in der Mitte" eines Spektrums, das sich von der Instruktion und der Unterweisung über das diskursive Gespräch bis zur offenen Begegnung erstreckt, wobei Coaching „in beide Extreme hinein" reicht: „Im Coaching geschieht gelegentlich auch Instruktion und ab und zu auch eine überraschende und bedeutsame Erfahrung, die im lebendigen Moment des

Kontaktes begründet liegt. Entscheidender ist, daß im Coaching der Beratungsverlauf vorwiegend thematisch eingegrenzt ist. Es geht um die Anforderungen der Berufsrolle, die der Beratene ausfüllt oder ausfüllen soll und will. Es geht um die Schwierigkeiten und Notwendigkeiten, die ihm als Person erwachsen, indem er versucht, die Rollenanforderungen zu bewältigen. Es geht um die dazu nötigen Verhaltensweisen und deren Konsequenzen. Coaching macht die Schnittstelle zwischen Rolle und Person im Einzelkontakt zum Gegenstand." (105)

2.3.2 Chancen und Grenzen der Unterstützung durch einen Coach

Es ist nicht nur so, dass Manager von ihrer Lebensauffassung her, alles allein bewältigen zu müssen, Hemmungen haben, bei persönlichen Problemen psychotherapeutische Hilfe in Anspruch zu nehmen. Sie wären von Psychotherapeuten auch nicht unbedingt gut bedient wegen deren besonderer Art der Herangehensweise an aktuellen Leidensdruck. Psychotherapeuten beziehen – wie die Fachfrau Astrid Schreyögg anmerkt – auch die Arbeitsprobleme ihrer Klientel „auf frühkindliche Erfahrungen oder jedenfalls auf individuelle Gefühlsphänomene". Sie „fragen oft noch nicht einmal nach der speziellen Situation im Beruf. Wenn sie sich diesbezüglich erkundigen, wirken sie in vielen Fällen eher hilflos und wissen nicht, wie sie solche Erfahrungen zuordnen, geschweige denn bearbeiten können. Das ist ja auch nicht weiter erstaunlich, weil alle relevanten psychotherapeutischen Konzepte entlang der Privatwelt von Menschen entwickelt wurden", schreibt Schreyögg. „Coaching als emotions- u n d problemorientierte Beratungsform sei die bessere „Therapie gegen berufliches Leid", gerade weil der „entscheidende Unterschied zur Psychotherapie" in der „Fokussierung auf berufliche Problemkonstellationen" bestehe, wobei es natürlich auch Schwierigkeiten gebe, die im Berufsalltag auftreten, aber nicht durch Coaching zu lösen sind, zum Beispiel Suchtprobleme." (106)

Als weitere Grenzen von Coaching nennt Schreyögg in Übereinstimmung mit Wolfgang Looss, auf den sie sich bezieht, „objektive Faktoren" im beruflichen Zusammenhang. „Zwar lassen sich gar nicht selten über die Arbeit mit Führungskräften Korrekturen von formalen und informellen Organisationsphänomenen erreichen; grundlegende Parameter wie Ressourcen-Mangel oder das Wegbrechen von Märkten sind durch Coaching natürlich nicht korrigierbar." (107)

Auch Horst Rückle betont, daß Coaching weder eine „neue Form von Psychotherapie" noch ein „Wundermittel" sei. „Vor allem ist das Coaching aber keine Chance zur Verlagerung von betrieblichen Problemen auf einen externen Coach." Es sei auch keine „Begleitung auf Lebensdauer", sondern eine „Begleitung auf Zeit". Es sei eine „Möglichkeit, der Vereinsamung von Führungskräften entgegenzuwirken", aber kein „Ersatz für Freundschaft". Es sei eine „Gelegenheit zum Erlernen von Techniken, die helfen, besser mit Streßsituationen umzugehen", eine „Hilfe zur Selbsthilfe". (108) „Der Coach forscht, von Ausnahmen abgesehen, nicht in der Vergangenheit des Klienten, er versucht auch nicht, verdrängte Emotionen aufzuarbeiten, indem er Psychoanalyse betreibt, sondern er hilft, zukunftsorientiert erfolgreiches Verhalten aufzubauen. Wenn nötig, legt er seinen Klienten nahe, die Rolle zu wechseln, eine andere Aufgabe zu übernehmen, für die bessere Voraussetzungen, geeignetere Fähigkeiten und Fertigkeiten vorhanden oder entwickelbar sind." (109)

Rückle diskutiert die Chancen und Grenzen der Unterstützung durch einen Coach auf der Basis von Befragungsergebnissen und nennt die verschiedenen Gründe für Mißlingen und Gesprächsabbruch: „Probleme, die sich während der praktischen Anwendung von Coaching ergaben, lagen meist im vom Coach zu verantwortenden Bereich respektive in seiner Person. Es mangelte oft an seiner Akzeptanz. Oft konnten die Coaching-Suchenden dem Coach nicht das nötige Vertrauen und die erforderliche Offenheit entgegenbringen. Auch die Kompetenz des Coach ließ oft zu wünschen übrig." (110)

Bevor abschließend im letzten Abschnitt dieses Hauptteils meines Berichts die für den Erfolg des Beratungsprozesses notwendigen Fähigkeiten und Eigenschaften eines Coach angesprochen werden, möchte ich noch auf einen ganz wichtigen Aspekt hinweisen, den nicht nur der hier zitierte Coach Horst Rückle ausdrücklich nennt, daß nämlich das Scheitern von Coaching nicht selten auf Widerstände im Unternehmen, in dem der Klient arbeitet, zurückzuführen ist, „oft begründet in Angst vor irgendwelchen Veränderungen“ (111). Deshalb warnt auch Wolfgang Loos vor der „Gefahr der individualisierenden Verkürzung“, die mir als Sozialwissenschaftlerin stets bewußt ist: Coaching trifft „auf eine Organisationswelt, in der das ‚Beratenwerden' in unterschiedlichem Maße erwünscht ist. Nach dem heimlichen Lehrplan vieler Organisationen ist zwar die Arbeit an der Organisation (Strukturen, Abläufe) gestattet, auch wenn sie sich auf dem Wege über den Lernprozeß von Personen vollzieht. Die direkte und als solche auch ausgewiesene Beratung von (mächtigen) Rollenträgern widerspricht dem Ich-Ideal von leistungsorientierten Organisationen, weil sie personenbezogene Defizite anzudeuten scheint.“ (112)

Hier sehe ich den Bezug zur Forschungsarbeit am Institut Technik & Bildung der Universität Bremen, das zwar bisher kaum solche OE/PE-Elemente wie Coaching und Supervision thematisiert hat, das mit seinen externen Kooperationspartnern aus Schulen und Unternehmen jedoch explizit über „Lernende Organisationen“ diskutiert. Nach der Lektüre des Artikels des Organisationsberaters Wolfgang Loos halte ich es für ein Kennzeichen eines „Lernenden Unternehmens“, daß individuelle Beratung durch einen Coach nicht tabuisiert, sondern gutgeheißen wird. In einer „reifen Organisation“ ist Coaching keine „stigmatisierte Arbeitsform“ mehr. Dabei darf – wie Looss betont – auch hier nicht übersehen werden, „daß auch in sehr transparenten Entwicklungsprozessen der reifen Organisation ein unverletzlicher Schutzmantel um die Person des Beratenen verbleibt, weil Coaching zwar auf die Rolle abzielt, aber mit der Person arbeitet. Die Schweigepflicht bleibt eine Tugend auch des Coaches und der Umgang mit den Beratungsinhalten muß sehr sorgfältig abgestimmt werden, wenn Coaching ein Element von umfassenden Entwicklungsaktivitäten ist. Im praktischen Vorgehen bietet es sich z.B. an, den Transport von Informationen aus dem Coaching in andere Bezüge eines OE-Prozesses (Gruppen, Gremien) stets dem Klienten zu überlassen. Wenn der Coach Mitglied eines Beratungssystems ist, so müssen sich auch die anderen Mitglieder an Schweigegebote halten, die in der Einzelberatung begründet liegen.“ (113)

2.3.3 Qualifikation(en) und Qualität(en) eines guten Coach

Gelungenes Coaching ist eine Gratwanderung zwischen zuviel Nähe und zuviel Distanz. Je nach beruflicher Herkunft des Beraters oder der Beraterin ist der Dialog mit dem Menschen, der vom Coach Hilfe bei der Lösung seiner beruflichen Probleme erwartet, ständig in Gefahr, nach der einen oder anderen Seite aus der Balance zu geraten.

Unter den Anbieter(inne)n von Coaching sind grob zwei Gruppen zu unterscheiden: die therapeutisch vorgebildeten „Beziehungsarbeiter/-innen“, die meist aus dem psychosozialen Praxisfeld kommen und „auf der Suche nach einer neuen Klientel“ sind, „das mit frischen, ungeläufigen Fragestellungen Beratungsbedarf haben könnte“, und die Professionellen mit einer betriebswirtschaftlichen o.ä. Grundausbildung, „die im pragmatisch orientierten Kontext von Unternehmen in die Beratung hineingewachsen sind“. Bei den Therapeut(inn)en und „Beziehungsprofis“ ist die Gefahr des Mißlingens von Coaching darin begründet, daß ihr Interventionsstil von den Klienten meist als „zu nah“, zu persönlich und zu gefühlsbetont empfunden wird. „Die Vergrößerung der beraterischen Distanz ist gefordert. Dieses Manöver hin zu ‚weniger Emotion' musste seinerzeit auch in der Organisationsentwicklung geleistet werden, als man versuchte, gruppendynamische Arbeitsformen in das von Rollenzwängen geprägte Klima der Wirtschaftsorganisationen zu übertragen“, schreibt der erfahrene Organisationsberater

Wolfgang Loos, der auf der anderen Seite bei den „pragmatisch“ orientierten Dienstleistern den Grund für möglichen Mißerfolg von Coaching darin sieht, „daß sie bei der Beratung von Einzelpersonen auf Fragestellungen und Hintergründe treffen, die mit Sachverstand und Aktionsplänen nicht mehr zu begreifen oder gar zu bearbeiten wären. Die Person steht bei der personenzentrierten Beratung ganz schnell im Vordergrund“ (114), und um die persönlichen Probleme des Klienten zu verstehen, muß der Coach mehr Nähe zulassen und mehr Emotionen ertragen können, als er es in seinem eher „coolen“ bisherigen Berufsalltag gewohnt war. Um erfolgreich diese Art von Einzelberatung durchführen zu können, genügt es also keineswegs, sich zum Coach berufen zu fühlen. Das tun heute offenbar sehr viele, und nach der Einschätzung des innerbetrieblich tätigen Personalentwicklers Thomas Sattelberger sind in dieser ungeschützten Berufssparte – anders als im Bereich Supervision – nur ungefähr ein Drittel der Anbieter keine Scharlatane. (115) Und Horst Rückle schreibt dazu: „Betrachten wir das heutige Angebot und die Anbieter, die Coaches und die, die sich so nennen, und die Versprechungen, die in Prospekten und Werbebriefen gemacht werden, wird verständlich, warum viele, die mit Enthusiasmus Hilfe im Coaching suchten, enttäuscht abbrachen.“ (116)

Horst Rückle zählt sicherlich zu den seriösen Anbietern. Vertrauenswürdigkeit, Unabhängigkeit, Verschwiegenheit und partnerschaftliche Orientierung als Merkmale eines erfolgreichen Coach wurden schon in den vorhergehenden Abschnitten erwähnt. Ein guter Coach akzeptiert den Klienten, der zu ihm kommt, und begegnet ihm mit Wohlwollen. Er versucht nicht, so schreibt Rückle in seinem Buch, „unveränderbare Eigenschaften eines Menschen zu verändern und umzubiegen. Er zeigt dem Klienten vielmehr Wege, wie er trotz bzw. mit seinen Schwächen erfolgreich sein kann“ (117). Der Coach muß über eine „hohe fachübergreifende Kompetenz“ verfügen, durch die er sich vom klassischen Berater wie dem Steuerberater oder Rechtsanwalt unterscheidet, der sich meistens nur in einem speziellen Themengebiet auskennt. (118) Er kennt aber auch seine Grenzen und „kann kein Alles-besser-Wisser sein“ (119) – so aufführen darf er sich auf keinen Fall, sondern er sollte, wie Astrid Schreyögg in ihrer Anforderungsliste aufführt, einen „angemessenen Interaktionsstil“ pflegen, eine „gute persönliche Ausstrahlung“ haben und über eine „breite Lebens- und Berufserfahrung“ verfügen. Was seine fachlichen Qualifikationen betrifft, so muß ein guter Coach intellektuell flexibel sein, ein breites sozialwissenschaftliches Wissen haben, ideologisch sollte er offen sein, eine „passende Feldkompetenz“ vorweisen können sowie ein „breites Methoden-Inventarium“ zur Verfügung haben. (120)

Zum Abschluß möchte ich noch ein Kriterium nennen,das ich für ganz wichtig halte: Der gute Coach muß loslassen können. Er darf keine Freude daran haben,dass jemand von ihm abhängig ist. Sein Ziel sollte sein, sich mit seiner Unterstützungsarbeit selbst überflüssig zu machen bei dem einzelnen Klienten, eben wirklich eine gute Hilfe zur Selbsthilfe leisten. Ich zitiere in diesem Zusammenhang noch einmal Horst Rückle: „Nicht zuletzt muß gerade der externe Coach wissen, dass er sich entbehrlich machen muß. Der externe Coach begleitet auf Zeit, nicht auf Lebenszeit! Der Gecoachte darf nicht von seinem Coach abhängig werden. Eine gute Beziehung ist wichtig, eine Bindung schädlich. Läßt der Coach im richtigen Moment los, kann sein Kunde die Früchte der Arbeit ernten und auf das von ihm selbst Erreichte stolz sein. Ob er dann noch an seinen Coach denkt, ist seine Sache. Schon die Erwartung von Dankbarkeit würde eine Bindung des Coaches an seinen Kunden aufzeigen. Deshalb hilft der externe Coach, ohne (außer seinem Honorar) Forderungen zu stellen.“ (121)

3. Schluß

3.1 Ergebnis der Überlegungen

Das Ziel dieser Prüfungsarbeit zum Abschluß meiner Ausbildung zur „Referentin für Organisations- und Personalentwicklung" war begrenzt auf die Absicht, darzulegen, was unter Supervision und Coaching verstanden wird und worin der Unterschied zwischen diesen beiden innovativen OE/PE-Elementen besteht.

Unter der Prämisse, dass Supervision und Coaching in den letzten Jahren in verschiedenen Praxisfeldern an Bedeutung gewonnen haben, bin ich an die empirischen Materialien zweier Forschungsprojekte im Bereich Organisationsentwicklung und berufliche Bildung herangegangen, zu denen ich während meines Praktikums am Institut Technik & Bildung Zugang hatte. Dabei konnte ich feststellen, daß im Rahmen der Zusammenarbeit des ITB mit einer Berufsschule der Aspekt „Supervision" eine Rolle spielt, und daß bei einem der betrieblichen Kooperationspartner des Instituts, dem Volkswagen-Konzern, gegenwärtig viel von „Coaching" die Rede ist.

Den vorliegenden Daten habe ich entnehmen können, daß beide hier beteiligten Gruppen die schulischen Lehrkräfte und die betrieblichen Führungskräfte, die ja beide Schlüsselpositionen im Prozeß des sozioökonomischen Wandels innehaben, unzureichend oder gar nicht auf die durch den internationalen Qualitätswettbewerb bedingte neue Situation vorbereitet sind, die sie maßgeblich mitgestalten sollen.

Diese Tatsache hat meine Hypothese bestätigt, daß gegenwärtig nicht nur der Bereich der Organisations- und Personalentwicklung besonders relevant ist, sondern daß in deren Rahmen die innovativen Elemente Supervision und Coaching immer wichtiger werden: Je nachdem, wo die Schlüsselpersonen des Wandels tätig sind, benötigen sie Anleitung durch einen Supervisor oder Unterstützung durch einen Coach. Im dritten Abschnitt dieses Schlußteils werde ich noch einmal zusammenfassend darauf eingehen.

Hier möchte ich mit meinem Fazit abschließen, daß ich nach der Durchsicht und Analyse der ausgewählten Literatur davon überzeugt bin, daß die Expert(inn)en für Organisations- und Personalentwicklung durch ihre Ausbildung die Basisqualifikation für diese Art von Hilfestellung erworben haben. Die Dienstleistung Supervision und Coaching halte ich allerdings für eine so anspruchsvolle Aufgabe, daß sie die Bereitschaft zu ständiger Fortbildung und intensiver Selbstreflexion – vielleicht ebenfalls mit Hilfe einer erfahrenen Supervisorin oder eines guten Coach – voraussetzt.

Nur durch verantwortungsbewußte Erfüllung der personenbezogenen Aufgaben und durch qualifizierten Umgang mit den innovativen Methoden der Organisations- und Personalentwicklung kann verhindert werden, daß der Anteil der Scharlatane in diesem neuen Berufsfeld steigt und dadurch die hier betrachteten vielversprechenden Ansätze in Verruf gebracht werden.

3.2 Weiterführende Fragestellungen

Für jemanden, der sich wie ich erstmalig und in einer sehr knappen Zeit mit den hier thematisierten speziellen Elementen der Organisations- und Personalentwicklung beschäftigt hat, ergeben sich natürlich eine ganze Reihe von unbeantworteten Fragen, die Ausgangspunkte weiterer Untersuchungen sein könnten.

In bezug auf die beiden konkreten Forschungsprojekte, die hier als Anknüpfungspunkte meiner Überlegungen zu „Supervision“ und „Coaching“ gewählt wurden, denke ich an folgendes: Gegen Ende des Modellversuchs mit den Berufsschullehrern sollte der Stellenwert evaluiert werden, den die Supervisionssitzungen im gesamten Projekt hatten. Das könnte mit qualitativen Methoden wie Gruppendiskussionen und Einzelinterviews geschehen, wobei ich es für sinnvoll halte, auch die Lehrkräfte in die Untersuchung mit einzubeziehen, die im Laufe des Projekts ausgeschieden sind. Eine der Leitfragen könnte sein: Reicht die Methode der Teamsupervision aus oder wäre es zweckmäßig, ergänzend Einzelsupervision bzw. „Coaching“ – verstanden als Einzelberatung – zusätzlich anzubieten? Sind vielleicht – so eine zweite Frage – noch andere neuere OE/PE-Elemente hilfreich, die hier noch gar nicht erwähnt wurden, zum Beispiel die „Mediation“ im Konfliktfall? Im Rahmen der Zusammenarbeit mit den Betriebspraktikern fände ich es interessant, zunächst einmal etwas genauer nachzuforschen, wie das Coaching in der Praxis durchgeführt wird, sei es nun als interne Förderung des Führungskräfte-Nachwuchses oder als externe Beratung älterer Manager, die mit den aktuellen Anforderungen in ihrem Berufsalltag nicht zurechtkommen. Wird dieses Versprechen auch in den Unternehmen angewandt, die keine eigene „Coaching-Gesellschaft“ gegründet haben wie der Volkswagen-Konzern?

Ich selbst bin sehr daran interessiert, die Frage weiterzuverfolgen, wie in Zukunft „gelernt“ wird. Lernen setzt „Lernfähigkeit“ voraus und ist ein Aspekt von „Entwicklung“ hin zur „Reife“. Wie wird zukünftig in Institutionen und Organisationen gelernt werden, die in unterschiedlicher Weise von den gegenwärtigen sozioökonomischen Veränderungen betroffen sind? In jeweils besonderer Weise herausgefordert sind die Wirtschaftsunternehmen, die die Arbeitskräfte in neuer Art und Weise einsetzen müssen, die Bildungsinstitutionen, die neuartige Qualifikationen vermitteln müssen, und auch die sozialen Einrichtungen, die mit ihren Mitarbeiter/-innen nun auch unter Wettbewerbsdruck geraten sind. Was sind die Merkmale von „lernfähigen“ „lernenden“, „innovativen“ oder gar „reifen“ Organisationen? Dies sind alles Begriffe, die in der interdisziplinären „scientific community“, die sich mit Organisations- und Personalentwicklung befaßt, verwendet werden (122), auch im Ausland. Interessant ist hinsichtlich der internationalen Diskussion allein schon, daß in der englischen Sprache das Wort „Supervision“ keine „psychotherapeutische“ Konnotation hat und auch in profitorientierten Organisationen – mit anderer Bedeutung – ohne weiteres angewandt wird, zum Beispiel im Filmgeschäft.

3.3 Zusammenfassende Thesen

1. Die moderne Gesellschaft ist ein System, das aus mehreren Bereichen oder Teilsystemen besteht, die alle voneinander abhängig sind. Plakativ ausgedrückt: Das *Wirtschaftssystem* nutzt die Arbeitskräfte, die im *Bildungssektor* nach seinem Bedarf erzogen wurden und die bei Verschleißerscheinungen im *Sozialbereich* repariert bzw. rehabilitiert werden.

2. Alle drei Teilsysteme der Gesellschaft sind vom globalen sozioökonomischen Wandel betroffen.

3. Die durch die Konsequenzen des gegenwärtigen internationalen Qualitätswettbewerbs herausgeforderten *Manager/-innen*, *Lehrer/-innen* und *Helfer/-innen* sind auf die aktuellen Veränderungen nicht vorbereitet. Sie benötigen bei der Bewältigung ihrer neuen Aufgaben die Unterstützung von Expert(inn)en für Organisations- und Personalentwicklung

4. Innovative Organisations- und Personalentwicklung hat zwei neue Methoden zu bieten: Supervision und Coaching. Diese beiden OE/PE-Elemente weisen nicht nur signifikante Unterschiede auf, sie werden in den verschiedenen gesellschaftlichen Teilsystemen auch unterschiedlich aufgenommen. Der *Wirtschaftsbereich*, in dem eine Abneigung gegen den Begriff „Supervision" besteht, beschränkt sich auf „Coaching"; im *Sozialbereich* wird Supervision als hilfreich empfunden, während es „Pioniergruppen" im *Bildungssektor* mit Teamsupervision versuchen, für das Gelingen gemeinsamer Projektarbeit aber vielleicht noch zusätzlich Coaching benötigen.

5. Die Führungskräfte in den *Wirtschaftsunternehmen* bevorzugen den Begriff „Coaching", weil er aus dem Leistungssport kommt: Der Coach will mit seiner mehr den mentalen Bereich ansprechenden Beratungsarbeit bei seinem Schützling die Motivation und die Fähigkeit stärken, Spitzenleistungen zu erbringen – auch im Rahmen einer Mannschaft. Die Teamfähigkeit der Arbeitskräfte ist heute eine wesentliche Bedingung für den wirtschaftlichen Erfolg von Unternehmen, die mit Qualitätsprodukten im internationalen Wettbewerb bestehen müssen, um überleben zu können. Durch internes Coaching werden die jungen Nachwuchskräfte, die in der Schule nicht zur Zusammenarbeit ausgebildet wurden, den neuen Anforderungen entsprechend gefördert, während die älteren Manager/-innen, die sich auch umorientieren müssen, die Hilfe eines externen Coach in Anspruch nehmen können. Um nicht den Eindruck entstehen zu lassen, sie bräuchten eine Psychotherapie, wird das Wort „Supervision" bewusst vermieden.

6. Im *Sozialbereich* der Gesellschaft besteht keine Scheu, die psychoanalytisch orientierte Supervision zu praktizieren. Hier ist eher der mit Ellenbogenmentalität und Profitstreben assoziierte Begriff „Effizienz" verpönt, wenn von der Erfüllung der beruflichen Aufgaben im Rahmen psychosozialer Einrichtungen die Rede ist.

7. Der *Bildungssektor* ist von den Normen und Werten beider genannten gesellschaftlichen Bereiche beeinflusst. Viele Lehrer/-innen vertreten humanistische Bildungsideale und Verfolgen soziale Ziele, sind aber als Personen sehr individualistisch orientiert. Sie haben nicht nur Schwierigkeiten, die jetzt vom Wirtschaftsbereich angeforderten teamfähigen Arbeitskräfte auszubilden, sondern sie haben auch selbst Probleme bei der Zusammenarbeit in gemeinsamen kollegialen Projekten. Bei denen, die Unterstützung suchen, bestehen keine Vorbehalte gegenüber der Supervision als gruppenbezogenem und psychoanalytisch orientiertem Verfahren. Der Prozeß der Teamsupervision ist

allerdings nicht zuletzt aufgrund der starken Leistungsorientierung und der mangelnden Fehlertoleranz von Lehrer/-innen mit mehr Schwierigkeiten verbunden als in der „Helferszene“ des Sozialbereichs.

8. Die beiden hier betrachteten Elemente innovativer Organisations- und Personalentwicklung „Supervision“ und „Coaching“ werden sich in der zukünftigen Praxis vermischen. Die Vorbehalte der Betriebspraktiker gegen „Supervision“ werden sich verringern aufgrund der „Renaissance helfender Beziehungen“, von der der einflussreiche Personalentwickler Thomas Sattelberger spricht, der in einem großen Wirtschaftsunternehmen tätig ist, sowie aufgrund der weiteren Verbreitung der englischen Sprache, in der das Wort „Supervisor“ im Sinne von „Aufseher“ bzw. – im Ausbildungsbereich – im Sinne von „Tutor“ verwendet wird. Im Sozialbereich wird – nachdem die bekannte Psychotherapeutin und Supervisorin Astrid Schreyögg in diesem Jahr sogar ein Buch darüber veröffentlicht hat – zunehmend auch von „Coaching“ die Rede sein. Wegen des Konkurrenzdrucks, unter dem gegenwärtig auch die psychosozialen Einrichtungen stehen, geht es heute auch in diesem gesellschaftlichen Teilbereich schon vermehrt um „Effizienz“, wo die Mitarbeiter/-innen früher nur von „Effektivität“ sprachen, und die verstärkt eingesetzten „Sozialmanager“, die für das Überleben ihrer Organisation verantwortlich gemacht werden, und die häufig selbst aus einem Helferberuf stammen, geraten bei der Bewältigung der neuen Anforderungen dermaßen unter Druck, daß sie wie ihre „Kollegen“ aus der Privatwirtschaft bzw. dem produzierenden Sektor Einzelberatung durch einen Coach benötigen.

4. Anmerkungen

(1) Pühl 1991
(2) Vgl. Dybowski / Haase / Rauner (Hg.) 1993; Dybowski / Pütz / Rauner (Hg.) 1995 und Fischer / Uhlig-Schoenian (Hg.) 1995
(3) Haase / Jagla 1995
(4) Vgl. Helmer 1995
(5) Workshop „ Organisationsentwicklung in der Praxis“ am 6./7. November 1995 im Schulzentrum Carl von Ossietzky / Gewerbliche Lehranstalten in Bremerhaven
(6) Vgl. Heins 1995
(7) Vgl. Haase / Lacher 1993
(8) Vgl. „Die Lehrer müssen umdenken“, Interview mit dem Personalplaner Peter Haase über Abiturienten im Betrieb, in: DER SPIEGEL, H. 23/92 vom 1.6.1992, S. 53
(9) Ebd.; vgl. in diesem Zusammenhang Syer 1991
(10) Ebd.
(11) Heeg / Münch 1993
(12) French / Bell 1973
(13) French / Bell 1990(3), S. 7
(14) So die Modellversuchs-Projektgruppe der Gewerblichen Lehranstalten Bremerhaven in ihrem Informationsheft „GLA-Forum“, S. 9, zit. nach Schulze u.a. 1994
(15) Vgl. Sattelberger 1991(2)a
(16) Vgl. Stiefel 1991(2)a
(17) Hackstein 1971, S. 34, zit. nach Heeg / Münch 1993, S. 302
(18) Neuberger 1994(2), S. 3
(19) Ebd.
(20) Ebd., S. 238 ff
(21) Trebesch 1982
(22) Neuberger 1994(2), S. 322
(23) Vgl. Belardi 1992, S. 73
(24) Pühl (Hg.) 1992(2), S. 3
(25) Buchinger 1992, S. 162
(26) Ebd.; vgl. Elias 1983
(27) Scobel 1991(3), S. 16
(28) Schreyögg 1995, S. 7; vgl. auch Looss 1991 sowie Neubeiser 1992
(29) Schreyögg 1995, S. 7
(30) Ebd., S. 47
(31) Ebd., S. 48
(32) Neuberger 1994(2), S. 6
(33) Ebd., S. 319
(34) ManagerSeminare Nr. 10, Januar 1993, S. 49 ff
(35) Heeg / Münch 1993, S. 372
(36) Ebd.
(37) Ebd., S. 372 f
(38) Sattelberger 1991(2)b, S. 163
(39) Stiefel 1991(2)b, S. 56
(40) Sattelberger 1991(2)c, S. 100
(41) Bauer u.a. 1991(2), S. 116 und S. 123
(42) Maelicke (Hg.) 1987, S. 10
(43) Lehmkuhl 1991
(44) Engelhardt 1991, S. 11
(45) Weigand 1987, S. 160

(46) Scott-Morgan 1995(3)
(47) Sattelberger 1991(2)b, S. 163
(48) Sattelberger 1994(2)
(49) Vgl. Dybowski 1995
(50) Vgl. z.B. Henneke 1995
(51) Butzko 1993, S. 67
(52) Sattelberger 1994(2)
(53) Butzko 1993, S. 67
(54) Vgl. zur Definition dieser Begriffe Bullinger u.a. 1995, S. 15
(55) Vgl. in diesem Zusammenhang Haug 1994, S. 164
(56) Pühl 1992(2), S. 259
(57) Vgl. Pühl 1994
(58) Osterhold / Lenz 1993, S. 65
(59) Butzko 1993, S. 67
(60) Pühl / Schmidbauer (Hg.) 1991, S. 7
(61) Vgl. Gfäller 1991, S. 66 f
(62) Schreyögg 1996
(63) Vgl. Retzer 1992(2)
(64) Vgl. Eichberger 1992(2)
(65) Vgl. Berne 1996, S. 206 ff
(66) Krüger 1992(2)
(67) Vgl. Kersting / Krapohl 1992(2) und Fatzer 1986
(68) Belardi 1992, S. 114
(69) Münch 1991, S. 125
(70) Belardi 1992, S. 113
(71) Vgl. Heins 1995, S. 75
(72) Ebd., S. 75 f
(73) Ebd., S. 77
(74) Ebd., S. 74
(75) Münch 1991, S. 141
(76) Vgl. Schmidbauer 1992, S. 328 f
(77) Buchinger 1992, S. 159 f
(78) Belardi 1992, S. 250 f
(79) Raguse 1990, S. 254
(80) Schaaf 1986, S. 16 f; vgl. in diesem Zusammenhang Berry 1993
(81) Schreyögg 1995, S. 48
(82) Looss 1991
(83) Looss 1992, S. 173 f
(84) Wolfgang Looss, zit. Nach Butzko 1993, S. 64
(85) Looss 1992, S. 174
(86) Butzko 1993, S. 62
(87) Haase / Jagla 1995
(88) Helmer 1995
(89) Rückle 1992, S. 15
(90) Ebd., S. 13 f
(91) Ebd., S. 14
(92) Zit. Nach Butzko 1993, S. 62
(93) Rückle 1992, S. 14
(94) Ebd., S. 32
(95) Ebd., S. 30
(96) Helmer 1995

(97) Rückle 1992, S. 30
(98) Ebd., S. 29
(99) Looss 1992, S. 173 f
(100) Rückle 1992, S. 16 f
(101) Ebd., S. 20
(102) Vgl. Looss 1992, S. 175
(103) Vgl. Richter 1980, S. 205 ff
(104) Schreyögg 1995, S. 57
(105) Looss 1992, S. 172 f
(106) Schreyögg 1995, S. 63 ff
(107) Ebd., S. 66
(108) Rückle 1992, S. 70 f
(109) Ebd., S. 42
(110) Ebd., S. 39
(111) Ebd.
(112) Looss 1992, S. 174
(113) Ebd., S. 175
(114) Ebd., S. 171
(115) Vgl. Butzko 1993, S. 62
(116) Rückle 1992, S. 40
(117) Ebd., S. 44
(118) Ebd., S. 47
(119) Ebd., S. 74
(120) Schreyögg 1995, S. 125
(121) Rückle 1992, S. 50
(122) Vgl. Fatzer 1990

5. Literaturverzeichnis

B e l a r d i, Nando: Supervision. Von der Praxisberatung zur Organisationsberatung. Paderborn 1992

B e r n e, Eric: Struktur und Dynamik von Organisationen und Gruppen. Frankfurt am Main 1986

B e r r y, Carmen R.: Die Erlöserfalle. Lust und Frust der Helfer-Typen. Düsseldorf und Wien 1993

B u c h i n g e r, Kurt: Ist Teamsupervision Organisationsberatung? Zur Professionalisierung von Selbstreflexion. In: Wimmer 1992, S. 151 ff

B u l l i n g e r, Hans-Jörg / U l b r i c h t, Bernd / V o l l m e r, Simone: Wie führe ich Teamarbeit erfolgreich ein? Ergebnisse einer Studie am Fraunhofer-Institut für Arbeitswissenschaft und Organisation (IAO), Stuttgart 1995

B u t z k o, Harald G.: Supervision. Halten, was Coaching verspricht. In: ManagerSeminare, Nr. 10, Januar 1993, S. 62 ff

D y b o w s k i, Gisela: Betriebliche Innovation und Strategien der Qualifizierung. In: Dybowski u.a.: 1995, S. 163 ff

D y b o w s k I, Gisela: Das Konzept des "Lernenden Unternehmens" und seine Implikationen für die Aus- und Weiterbildung. In: Fischer / Uhlig-Schoenian 1995, S. 21 ff

D y b o w s k i, Gisela / H a a s e, Peter / R a u n e r, Felix (Hg.): Berufliche Bildung und betriebliche Organisationsentwicklung. Anregungen für die Bildungsforschung. Bremen 1993

D y b o w s k i, Gisela / P ü t z, Helmut / R a u n e r, Felix (Hg.): Berufsbildung und Organisationsentwicklung. Perspektiven, Modelle, Grundlagen. Bremen 1995

E l i a s, Norbert: Engagement und Distanzierung. Frankfurt am Main 1983

E n g e l h a r d t, Hans-Dietrich: Innovation durch Organisation. Unterwegs zu problemangemessenen Organisationsformen. München 1991

F a t z e r, Gerhard: Teamsupervision als Organisationsentwicklung. In: Gruppendynamik, H. 1/86, S. 49 ff

F a t z e r, Gerhard: Die lernfähige Organisation. In: Fatzer (Hg.) 1990, S. 389 ff

F a t z e r, Gerhard (Hg.): Supervision und Beratung. Ein Handbuch. Köln 1990.

F i s c h e r, Martin / U h l i g – S c h o e n i a n, Jürgen (Hg.): Organisationsentwicklung in Berufsschule und Betrieb – neue Ansätze für die berufliche Bildung. Ergebnisse der gleichnamigen Fachtagung vom 10. und 11. Oktober 1994 am Institut Technik & Bildung in Bremen. ITB-Arbeitspapiere Nr. 12, März 1995

F r e n c h, W. L. / B e l l, C. H. jr: Organization Development. Englewood Cliffs, New Jersey, USA 1973

F r e n c h, W. L. / B e l l, C. H. jr.: Organisationsentwicklung. Bern und Stuttgart 1990(3)

G f ä l l e r, Georg Richard: Team-Supervision nach dem Modell von S. H. Foulkes. In: Pühl / Schmidbauer (Hg.) 1991, S. 66 ff.

H a a s e, Peter: „Die Lehrer müssen umdenken". Interview mit dem Personalplaner Peter Haase über Abiturienten im Betrieb, in: DER SPIEGEL, H. 23/92 vom 1.6.1992, S. 53

H a a s e, Peter / L a c h e r, Michael: Die Herausforderung der Berufsbildung durch den internationalen Qualitätswettbewerb aus Sicht der betrieblichen Organisationsentwicklung. In: Dybowski u.a. (Hg.): 1993, S. 97 ff

H a a s e, Peter / J a g l a, Hans-Herbert: Volkswagen Coaching Gesellschaft: Die Bildung im Konzern steuert um. Beitrag für die Fachtagung „Qualifizieren für das Lernende Unternehmen – Konsequenzen für die Entwicklung des Berufsbildungssystems", Königslutter, Bildungs- und Kommunikationszentrum „Haus Rhode" (Volkswagen AG), veranstaltet vom Bundesinstitut für Berufsbildung (BIBB) und vom Institut Technik & Bildung (ITB) am 18./19.5 1995

H a c k s t e i n, R. / N ü s s g e n, K .H. / U p h u s, P. H.: Personalwesen in systemorientierter Sicht. In: Fortschrittliche Betriebsführung, H. 1/71, S. 27 ff

H a u g, Christoph V.: Erfolgreich im Team. Praxisnahe Anregungen für effiziente Zusammenarbeit. München 1994

H e e g, Franz Josef / M ü n c h, Joachim (Hg.): Handbuch Personal- und Organisationsentwicklung. Stuttgart 1993

H e i n s, Thomas: Supervision: Prozeßbericht. In: Schulze u.a. 1995, S. 74 ff

H e l m e r, Wolfgang: In der Coaching GmbH soll das Talent zur Persönlichkeit reifen. Individuelle Betreuung der Kandidaten. Wie Volkswagen seine Führungskräfte heranbildet. In: Frankfurter Allgemeine Zeitung, Nr. 122 vom 27.5.1995

H e n n e k e, Melanie: Auswählen und fördern mit dem Assessment-Center. In: Jahrbuch Weiterbildung. Managementweiterbildung – Weiterbildungsmanagement. Düsseldorf 1995, S. 97 ff

I n s t i t u t T e c h n i k & B i l d u n g (Hg.): Qualifikation: Schlüssel für eine soziale Innovation. Tagungsbände 1-3 des gleichnamigen Europäischen Symposiums an der Universität Bremen. Bremen, September 1991

K e r s t i n g, Heinz-Jürgen / K r a p o h l, Lothar: Teamsupervision: Eine Problemskizze. In: Pühl (Hg.) 1992(2), S. 149 ff

L e h m k u h l, Kirsten: Sozialkompetenz – wo lernt man das? In: Institut Technik & Bildung (Hg.) 1991, Bd. 2/91, S. 146 ff

L o o s s, Wolfgang: Coaching für Manager. Landsberg 1991

L o o s s, Wolfgang: Coaching im Kontext von Organisations- und Personalentwicklung. In: Wimmer (Hg.) 1992, S. 170 ff

M a e l i c k e, Bernd (Hg.): Soziale Arbeit als soziale Innovation. Weinheim und München 1987

M ü n c h, Winfried: Die Arbeit mit Lehrern in Supervisionsgruppen. In: Pühl / Schmidbauer (Hg.) 1991, S. 116 ff

N e u b e i s e r, Marie-Louise: Management-Coaching. Düsseldorf und Wien 1992

N e u b e r g e r, Oswald: Personalentwicklung. Stuttgart 1994(2)

O s t e r h o l d, Gisela / L e n z, Gerhard: Coaching und Supervision – die Annäherung. In: ManagerSeminare, Nr. 10, Januar 1993, 64 f

P ü h l, Harald: Angst in Gruppen und Institutionen. Der Einzelne und sein unbewußtes Gruppennetz. Hille 1994

P ü h l, Harald: Einzelsupervision im Schnittpunkt von persönlicher und beruflicher Rolle. In: Pühl (Hg.) 1992(2), S. 259 ff

P ü h l, Harald: Supervision in der Ausbildung: Bindeglied zwischen Theorie und Praxis. In: Pühl / Schmidbauer (Hg.) 1991, S. 143 ff

P ü h l, Harald (Hg.): Handbuch der Supervision. Beratung und Reflexion in Ausbildung, Beruf und Organisation. Berlin 1992(2)

P ü h l, Harald / S c h m i d b a u e r, Wolfgang (Hg.) (Hg.): Supervision und Psychoanalyse. Selbstreflexion der helfenden Berufe. Frankfurt am Main 1991

R a g u s e, R.: Gruppensupervision. In: Fatzer (Hg.): 1990, S. 249 ff

R e t z e r, Arnold: Systemische Supervision. In: Pühl (Hg.) 1992(2), S. 357 ff

R i c h t e r, Horst-Eberhard: Flüchten oder Standhalten. Reinbek bei Hamburg 1980

R ü c k l e, Horst: Coaching. Düsseldorf u.a. 1992

S a t t e l b e r g e r, Thomas: Personalentwicklung als strategischer Erfolgsfaktor. In: Sattelberger (Hg.) 1991(2), S. 15 ff (a)

S a t t e l b e r g e r, Thomas: Gedankenskizze zu Nachwuchsermittlung, Projektarbeit und Coaching. In: Sattelberger (Hg.) 1991(2), S. 155 ff (b)

S a t t e l b e r g e r, Thomas: Innovative Förderprogramme benötigen innovative Architekturen. In: Sattelberger (Hg.) 1991(2), S. 90 ff c)

S a t t e l b e r g e r, Thomas: Personalentwicklung neuer Qualität durch Renaissance helfender Beziehungen. In: Sattelberger (Hg.) 1994(2), S. 207 ff

S a t t e l b e r g e r, Thomas (Hg.): Innovative Personalentwicklung. Grundlagen, Konzepte, Erfahrungen. Wiesbaden 1991(2)

S a t t e l b e r g e r, Thomas (Hg.): Die Lernende Organisation. Konzepte für eine neue Qualität der Unternehmensentwicklung. Wiesbaden 1994(2)

S c h a a f, Johannes: Die Angst des Supervisors vor der Gruppe und ihrer Dynamik. In: Gruppendynamik, H. 1/86, S. 5 ff.

S c h m i d b a u e r, Wolfgang: Wie Gruppen sich verändern. Selbsterfahrung, Therapie und Supervision. München 1992

S c h r e y ö g g, Astrid: Integrative Gestaltsupervision. In: Gruppendynamik, H. 3/86, S. 301 ff

S c h r e y ö g g, Astrid: Coaching. Eine Einführung für Praxis und Ausbildung. Frankfurt/New York 1995

S c h u l z e, Heiko u.a.: Organisationsentwicklung und berufliche Bildung. 1. Zwischenbericht zum Modellversuch am Schulzentrum Carl von Ossietzky / Gewerbliche Lehranstalten Bremerhaven, in Zusammenarbeit mit dem Institut Technik & Bildung, Universität Bremen. Bremen 1994

S c h u l z e, Heiko u.a.: Organisationsentwicklung und berufliche Bildung. 2. Zwischenbericht zum Modellversuch am Schulzentrum Carl von Ossietzky / Gewerbliche Lehranstalten Bremerhaven, in Zusammenarbeit mit dem Institut Technik & Bildung, Universität Bremen. Bremen 1995

S c o b e l, Walter Andreas: Was ist Supervision? Göttingen 1991(3)

S c o t t – M o r g a n, Peter: Die heimlichen Spielregeln. Die Macht der ungeschriebenen Gesetze in Unternehmen. Frankfurt/New York 1995

S t i e f e l, Rolf Th.: Strategieumsetzendes Lernen. In: Sattelberger (Hg.) 1991(2), S. 38 ff (a)

S t i e f e l, Rolf Th.: Erarbeitung von Vorgaben und Bedarfen im Rahmen strategieumsetzender Personalentwicklung. In: Sattelberger (Hg.) 1991(2), S. 54 ff (b)

S y e r, John: Teamgeist (Psychotraining für Sportler). Reinbek bei Hamburg 1991

T r e b e s c h, Karsten.: 50 Definitionen der Organisationsentwicklung – und kein Ende. In: Organisationsentwicklung, H. 2/82, S. 37 ff

W e i g a n d, Wolfgang: Supervision als Innovationsinstrument sozialer Arbeit. In: Maelicke (Hg) 1987, S. 152 ff

W i m m e r, Rudolf (Hg.): Organisationsberatung. Neue Wege und Konzepte. Wiesbaden 1992